中国香精香料历史与文化

来 苗 武志勇 编著

河南大学出版社
HENAN UNIVERSITY PRESS
·郑州·

图书在版编目(CIP)数据

中国香精香料历史与文化 / 来苗, 武志勇编著. --
郑州: 河南大学出版社, 2023.8
ISBN 978-7-5649-5566-3

Ⅰ. ①中… Ⅱ. ①来… ②武… Ⅲ. ①香精-文化史-中国②香料-文化史-中国 Ⅳ. ①TQ65

中国国家版本馆 CIP 数据核字(2023)第 150989 号

责任编辑 马 博
责任校对 王春辉 王 珂
封面设计 马 龙

出　　版	河南大学出版社 地址: 郑州市郑东新区商务外环中华大厦 2401 号　邮编: 450046 电话: 0371-22860116(人文社科分公司)　网址: hupress.henu.edu.cn 0371-86059701(营销部)		
排　　版	河南天明教育图书有限公司		
印　　刷	广东虎彩云印刷有限公司		
版　　次	2023 年 8 月第 1 版	**印　　次**	2023 年 8 月第 1 次印刷
开　　本	787 mm×1092 mm　1/16	**印　　张**	10.5
字　　数	196 千字	**定　　价**	36.00 元

前　言

PREFACE

香料(perfume)又称香原料,是一种能被嗅觉嗅出香气或被味觉尝出香味的物质,主要用于香精的调配。香精广泛应用于卷烟、食品、饮料、香薰、酒类、洗涤用品、装潢、化妆品、牙膏、医药、饲料、纺织及皮革等工业。香料香精工业是为产品加香配套的重要原料工业,在国民生产生活中发挥了极为关键的作用,并逐步成为与人民生活密切相关且能反映生活水平的一个重要行业。香料香精工业市场广阔、消费量巨大,是体现和反映人民对美好生活向往的朝阳工业。

中国香精香料历史与文化是关于国内香精香料历史与文化发展的专著,较为详细地介绍了香精香料的分类、国内外香精香料发展历史和发展趋势;中国古代香料文化的发展、中国古代香料与社会生活和贸易的联系;化妆品、生活用品、食用和烟用香精香料的应用现状;我国香精香料行业的发展现状、对策、面临机遇与挑战等,融知识与文化于一体,使读者对香精香料有更深刻的了解和认识。

本书共分五章:第二章和第三章由河南农业大学的来苗编写,第一章、第四章和第五章由河南农业大学的武志勇编写。本书在编写过程中参考了大量的国内外相关书籍和文献,同时得到河南农业大学烟草学院部分师生的大力支持和帮助,在此一并感谢。

目　录

CONTENTS

第四章　现代香精香料在日常生活中的应用

第五章　我国香料行业的发展现状

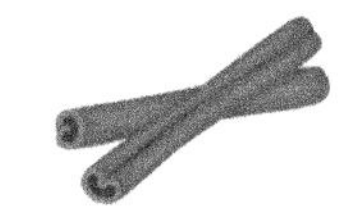

第一章　绪　论

一、香精香料的分类

香料是能够通过嗅觉或味觉感知其香气或香味的物质。香料可以是单一的化合物,也可以是多种物质的混合物;它们可以从动植物体中提取,也可以通过化学或生物方法合成。并且有些在生物体内并不存在的香料也已经通过化学方法成功合成。

香精是一种由人工调配的含有几种、十几种甚至几十种香料,或者通过发酵、酶解、热反应等方法制造的含有多种香成分的混合物。在产品加香的过程中,通常会使用香精。

从广义上讲,香料(有时称为香原料)和香精可统称为香料。生产香料和香精的工业被称为香料工业。从狭义上讲,香料指的仅是香原料,不包括香精。在本书中,提到香料时仅指香原料,并用“香料香精工业”来代替“香料工业”。

(一)香料的分类

根据香料中的香物质来源,可以将香料分为两大类:天然香料和合成香料。

天然香料是指从天然含香的动植物的某些发香部位(如香囊、香腺、花、叶、枝、干、根、皮、果、籽等)或分泌物中经过加工处理而提取出的含有香味成分的物质,如精油、浸膏、纯油、香树脂、酊剂、单体等物质。

存在于自然界中的天然香料可分为动物性香料和植物性香料。动物性香料相对稀少,主要有麝香、灵猫香、海狸香、龙涎香和麝鼠香五种,产量非常有限且价格极高;而植物性香料品种繁多,如玫瑰油、茉莉精油、桂花浸膏、香草酊等。天然香料都含有复杂的化学成分,是自然界中的混合物。

从天然香料中通过物理或化学方法分离得到的单一化合物被称为单离香料,例如,从香茅油中分离出的香叶醇和香茅醛,从山苍子油中分离出的柠檬醛,从薄荷油中分离出的薄荷醇(薄荷脑),从丁香油中分离出的丁香酚等。单离香料属于天然香料,使用时需要注明其来源,例如,香叶醇(从香茅油中分离),柠檬醛(从山苍子油中分离)。

合成香料是指使用各种化工原料,通过化学或生物合成的方法制备的香料。合成香料是单一的化合物,按照化学结构或官能团的不同,可以分为烃类、醇类、酸类、酯类、内酯类、醛类、酮类、酚类、醚类、大环类、多环类、杂环类、硫化物类、卤化物类香料等不同类别。

(二)香精的分类

香精的分类方法很多。根据不同的出发点,可以采用不同的分类方法。大体可以从以下三个方面进行分类:

1. 按照香精的用途分类

香精根据其用途可以分为四大类:日用香精、食用香精、烟用香精和其他香精。

(1)日用香精

日用香精主要供日常化学产品使用,其主要目的是遮盖不良气息和赋予美好香气。按照具体用途的不同,日用香精可以进一步细分为以下几类:化妆品用(如香水、盥洗水、香粉、唇膏、乳霜、洗发水、头皮油、发蜡等)、洗涤剂用、卫生制品用(如空气清新剂、清凉油、卫生熏香剂、除臭剂等)、劳动防护用、地板蜡用等。

(2)食用香精

食用香精是一种能够赋予食品或其他加香产品(如药品、牙膏等)香味的混合物。根据国际食用香料工业组织(IOFI)的定义,食用香精除了含有对食品香味有贡献的物质外,还可以包含对食品香味没有贡献的物质,如溶剂、抗氧剂、防腐剂、载体等。食用香精按用途可以进一步划分为食品用、烟草用、酒精用、药品用、牙膏用、饲料用等。其中,食品用香精是最主要的品种,可以具体分为:焙烤食品香精、糖果香精、软饮料香精、肉制品香精、调味品香精、奶制品香精、快餐食品香精、微波食品香精等。每一类还可以进一步细分,例如,奶制品香精可以分为牛奶香精、奶油香精、酸奶香精、黄油香精、奶酪香精等。

(3)烟用香精

烟用香精可以根据香烟的种类进行分类,包括卷烟用香精、雪茄烟用香精、斗烟用香精、嚼烟用香精和鼻烟用香精。其中,卷烟用香精可以根据卷烟的类型进一步细分为烤烟型香精、混合型香精、东方型香精、褐烟型香精、异香型香精和新混合型香精等类型。另外,根据加香方式的不同,还可以将烟用香精划分为加料用香精、加香用香精、滤嘴用香精和嗅香用香精等类型。

(4)其他香精

其他香精是供其他工农业产品使用的香精,可以进一步划分为塑料用、橡胶用、纺织品用、人造革用、纸张用、油墨用、工艺品用、涂料用、饲料用、杀虫剂用香精等。

2. 按照香精的形态分类

香精根据其形态可以分为五大类:水溶性香精、油溶性香精、乳化香精、膏状香精和粉末香精。

(1)水溶性香精

水溶性香精是将各种天然或合成香料配制而成的香精溶解于40%—60%的乙

醇或其他水溶性溶剂中，有时也会加入果汁等成分。广泛应用于果酱、果汁、果冻、汽水、冰激凌、烟草和酒类等食品，以及化妆品如香水和花露水中。其具有较好的透明度和轻快的气息，但耐热性较差。

(2) 油溶性香精

油溶性香精是将天然香料和合成香料溶解在油性溶剂中，或直接使用天然香料和合成香料调配而成。常用的油性溶剂包括植物油脂（如花生油、菜籽油、芝麻油、橄榄油和茶油等）和有机溶剂（如苯甲醇、三乙酸甘油酯等）。油溶性香精具有浓度高、良好的耐热性和较长的留香时间，且在水中不易分散的特点，主要应用于饼干、点心、糖果、巧克力、口香糖等热加工食品以及膏霜、唇膏、发油等化妆品中。

(3) 乳化香精

乳化香精是在油溶性香精中加入适当的乳化剂和稳定剂，使其在水中形成分散微粒。乳化香精中含有少量的香料、乳化剂和稳定剂，大部分是蒸馏水。乳化香精常用的乳化剂包括大豆磷脂、聚氧乙烯木糖醇酐硬脂酸酯、单硬脂酸甘油酯和山梨糖醇酐脂肪酸酯等。乳化香精主要应用于软饮料、冷饮、糖果和化妆品等产品中。它具有保香效果、温和香气，但稳定性较差。

(4) 膏状香精

膏状香精主要用于反应型香精中，尤其是肉味香精。近年来，咸味香精也发展迅猛，因此膏状香精的种类也越来越多。膏状香精具有香气浓郁的特点，但头香相对较弱，同时也具有味觉特征。

(5) 粉末香精

粉末香精有两种制备方法。一种是将香料与载体（如乳糖）混合后制成；另一种是先制成乳化香精，然后通过喷雾干燥使其变成粉末。这两种产品都便于使用，且稳定性较强，但容易吸湿结块。经过喷雾干燥制成的产品因为香精被赋形剂包裹覆盖，所以具有较好的稳定性和分散性。粉末香精广泛应用于糕点、固体汤料、固体饮料、休闲食品、快餐食品、香粉和香袋等产品中。它们能够为食品和化妆品提供香气和味道。

3. 按照香精的香型分类

(1) 花香型香精

这类香精主要是通过模仿天然花香调配而成的。常见的花香型香精包括玫瑰香精、茉莉香精、铃兰香精、水仙香精、白兰香精、紫罗兰香精、橙花香精和薰衣草香精等。

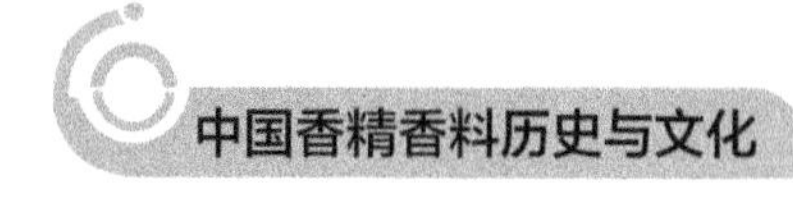

(2)非花香型香精

这类香精主要是通过模仿其他天然物质的气味调配而成的,如皮革香精、麝香精、橙叶香精、松林香精和檀香精等。

(3)果味香型香精

这类香精主要是通过模仿水果的气味调配而成的,如苹果香精、甜瓜香精、橘子香精、樱桃香精、柠檬香精、草莓香精、香蕉香精和梨香精等。

(4)幻想香型香精

这类香精是在模仿其他香型的基础上,由富有创造力且经验丰富的调香师调制而成的。幻想型香精通常具有优雅抒情的美称,如微风、吉卜赛少女、素心兰、夜巴黎、骑士、黑水仙、白衣人和古龙等。幻想型香精主要应用于化妆品中。

二、国内外香精香料发展历史简略

人类使用香料的历史可以追溯到 5 000 年前,最早使用的是天然香料,中国、埃及、印度、巴比伦等文明古国是最早使用香料的国家。

(一)古代国外香料的发展历史

古埃及人对使用香料很有研究,在沐浴时会加些香油或香膏,他们认为这样既有益于肌肤,又能使身心感到愉快。当时使用的香油有百里香油、芍药、牛至、乳香和甘松等,常以芝麻油、橄榄油、杏仁油为加香介质。古代埃及法老(皇帝)死后用香料等裹尸防腐,制作成木乃伊,可以永久保存,现在著名的博物馆里多有陈列。公元前 3500 年埃及皇帝曼乃斯的墓地,在 1897 年开掘时发现油膏缸内的膏质仍有香气,似是树脂或香膏类物质,该物品现可在大英博物馆和开罗博物馆看到。

公元前 370 年的希腊著作中记载了至今仍在使用的一些香料植物,还提到了吸附、浸提等提炼方法。植物学鼻祖泰奥弗拉斯托斯(Theophrastus)在其著作中记载了很多香料方面的情况,谈及混合香料、香料的持久性及调配香料的操作技巧。当时的用料是花、叶、枝、根、木、果或树胶的混合物,如玫瑰、铃兰、薄荷、百里香、藏红花、鸢尾、甘牛至、岩兰草、桂皮、没药等。古罗马人喜欢把香料涂在很多地方,马的身上,甚至是造墙的砂浆中。

早期使用的香料都是未加工过的动植物发香部分,在公元前 10 世纪—前 8 世纪,在中东阿拉伯文化的发源地巴比伦,人们开始用蒸馏法从玫瑰花中提炼玫瑰油和玫瑰水。此后,东方的香料被传播到当时落后的欧洲,英、法等国才开始使用香料和化妆品。

1370 年出现了第一批用乙醇配制成的香水，被称为匈牙利水。开始时，可能只是某一个品种的迷迭香蒸馏而得，其后则含有薰衣草和甘牛至等。当时的人们还用酒来擦脸和沐浴，亦有用牛奶沐浴的，可见那时的香料已在贵族奢侈的生活中应用。

自 1420 年出现将蛇形冷凝器用于蒸馏后，精油的提取发展迅速。起先蒸馏一些辛香料，如肉桂、丁香、肉豆蔻等，以及香料植物，如紫苏、迷迭香、薰衣草等，后也从柑橘属的花、果实和叶片中提取精油。最初在法国格拉斯（Grasse）地区生产花油和香水，格拉斯也因此成为世界著名天然香料（特别是香花）的生产基地。此后，各地也逐步采用蒸馏法提取精油，人类就从使用固体植物香料转变成使用液体植物香料，这是香料历史上划时代的进展。

到 19 世纪，随着有机化学的发展，出现了合成香料。在动植物香料外，增加了以煤焦油等为起始原料的合成香料品种，大大丰富了调香需用香料的来源，并且大大降低了香精的价格，促进了香料香精工业的发展。

（二）古代中国香料的发展历史

我国对芳香物质的应用有着悠久的历史。早在黄帝、神农氏时代，就采集树皮、草根作为医药用品来驱疫避秽。当时人类对植物挥发出来的香气已经非常重视，因此在上古时代就把这些有香味的物质作为敬神拜佛、清净身心之用，同时也应用于祭祀和丧葬方面。后来逐渐用于饮食、装饰和美容。

据载我国在夏朝时就开始了对香料的使用。商朝人刻写在龟甲或兽骨上的文字被称为甲骨文。甲骨文已经具备了汉字结构的基本形式，是一种比较成熟的文字。甲骨文的“香”字从象形文字观察，原为黍和甘的合体。《春秋传》曰：“黍稷馨香。”王筠在《说文句读》注释曰：“甘者谷之味，香者谷之臭”。《说文通训定声》析“按，谷与酒之臭曰香……”。又有《部首订》析“草臭之美者曰芳，谷臭之美者曰黍……”。从中可以看出，香原与酒、谷物、花草有着密切的联系，特别要指出的是古文的“香”已将香味与香气都包含在其中，这与现在泛指的香有类同之处。

公元前 770 年—前 221 年的春秋战国时期，兰花曾普遍受到人们的喜爱，当时文字已趋于完善，也有了记载工具。《孔子家语 · 六本》上写有“入芝兰之室，久而不闻其香”。最早的编年史《左传》中可看到“兰有国香”的记载。庄子有“桂可食，故伐之”，苏秦有“楚国之食贵于玉，薪贵于桂”等词句，从中亦可窥见一斑。

公元前 343 年—前 277 年，楚国著名诗人屈原所著的《九歌 · 东皇太一》中有“蕙肴蒸兮兰藉，奠桂酒兮椒浆”的描述，据研究屈原的著名学者文怀沙考证，蕙是指薰，别名罗勒，是一种天然香料；兰是驾尾，也是香料；桂酒是用肉桂皮浸泡的酒；

椒浆是花椒汁。这两句的大意是祭祀用的肉以罗勒叶子包裹，放在菖蒲上以增香，并奠以肉桂酒和花椒汁。说明当时香料在饮食方面的使用，已相当考究。

汉代（公元前206—公元220年）的《汉官仪》中记载着用熏香的办法使官服沾上香气，从那以后到隋（581—618年）、唐（618—907年）香料已成为达官贵人的奢侈品。例如，《杜阳杂编》中曾提及隋炀帝每年除夕夜，都要在宫殿前同时点燃数十处用车运来的沉香木堆，香气飘溢达数十里，甚为壮观。唐朝的《开元天宝遗事》中则有关于杨贵妃的长兄杨国忠建有“四香阁”，以沉香木做门，檀香木做栏杆，将麝香和乳香加入涂料中，涂在墙壁上，在每年春季，芍药花盛开的时候，就在这里请客赏花的记载。

在唐朝以前，已经用龙脑、郁金香等调配后加入墨、金箔、蜜蜡中赋香。唐以后的五代时期（907—960年），已有使用茉莉油和桂花油的记载。后周显德年间（954—959年），有云南的昆明国上贡蔷薇水的记载。西安唐墓出土文物中不仅有放东西的香炉，还有用丝带佩系的银制精巧香炉、银制熏香球，既可作装饰用，又可祭祀时焚香或作医疗用。那时候使用香料的方法除焚熏外，还有煮汤沐浴或食用。

宋（960—1279年）进士洪刍曾写有专门的论著《香谱》五卷，包括香之品、香之异、香之事、香之法、香之文五个部分，其中详细记述龙脑、麝香、白檀、苏合香、郁金香、丁香、兰香、迷迭香、芸香、甘松等81种香料的产地、性质和应用，其中也有与化妆品和食品有关的21种应用处方和简单的加工方法，这是极其珍贵的有关古代香料的文献。

宋朝是历史上经济高度发达的时代，以前的朝代都无法与之相比。北宋时期与其他国家的贸易已十分频繁，樟脑、麝香、乳香等香料由海上输往日本、埃及和欧洲国家。到南宋时，福建泉州港就是海上丝绸之路和瓷器之路的出发港口，同时也是进口香料的抵达站。当时福建路市舶司提举（海外贸易监督官）赵汝适在1225年编著成书的《诸蕃志》下卷中有47种贸易商品的名称、产地、使用价值和采收方法的说明，其中香料有23种之多，有乳香、芍药、苏合香、安息香、檀香、丁香、胡椒、肉豆蔻、白豆蔻、山苍子、芦荟、龙涎香、栀子花、蔷薇水、沉香等，比意大利航海家哥伦布开始大海航行时代还要早267年。

20世纪70年代在长沙出土的马王堆一号汉墓中的女尸上，专家检测认定使用了多种香料。在扬州城北出土的明代居士之妻叶氏的棺内有檀香的香气，可见在古老的年代，就有香料作为尸体防腐剂使用的先例。

在我国古代，芳香植物也早已作为药物来治疗疾病了。汉代前后所编的最早一本中药著作《神农本草经》的附录中，记载着芳香植物如何当作药物来使用。后

来经过发展，明代（1368—1644 年）李时珍汇编成为大全的《本草纲目》中专门写有芳香篇，其中作为医药使用的芳香植物就有 60 种之多。

清代（1616—1911 年）后期，香料的使用已普及百姓之家。19 世纪初期出现了专业化妆品作坊，上海有妙香宝香粉局和戴春林香粉局，扬州有流传至今的谢馥春香粉局，杭州有孔凤春香粉局，主要产品是百姓用的香粉和宫廷用的宫粉。以前香粉的生产方法是在细微粒的石粉层上敷以茉莉鲜花，花上面再撒石粉层，如此交替叠合，让鲜花散发的微量香料吸附到石粉上而成。有时在石粉层下面用木炭稍稍加温，强化吸附效果，称为"窨薰法"。另一种商品是香发油，用鲜花和肉桂皮长时间在茶油中浸渍而得到香发油，这些产品一直沿用到 20 世纪初期。第一次世界大战后，欧洲现代香精倾销我国，从此逐渐改变了我国化妆品加香的传统方法。

新中国成立前，我国出口的香料品种很少，主要的仅有四种，即麝香、大茴香、肉桂和薄荷脑。并且开始时，进口的基本上都是香精。在舶来化妆品、香皂及日用化学品等充斥市场的情况下，我国民族工商业也逐步发展起来与之形成抗衡，需用香精也逐渐增多。最初是用进口香精配制香精，然后是用香精加部分香料来配制香精，最后才过渡到完全用香料来调配香精。

新中国成立后，我国的香料香精工业逐步走上正轨，增添了天然与合成香料的品种，逐步扩大了产量，提高了质量，从此国内香精生产就走向以国产香料为主而配以少数进口香料的方向。

三、香精香料的发展特点和趋势

（一）国际香精香料发展特点

纵观国际香精香料发展的过程，只要结合实际情况就不难发现以下特点：

1. 垄断现象明显

世界上主要的食品和日用品香精香料企业都是历史悠久，规模庞大的。大多数跨国企业会通过各种兼并、合资企业或收购业务进行扩张，以保持强大的出口竞争力。

从 20 世纪末开始，香精香料产业的全球化致使该行业形成了相当高的垄断现象。从销售额角度来看，排名前十的香精香料企业稳步增加着全球市场份额的占有率。1997 年前十企业的全球销售额占比近 76%，而 2013 年前十企业的全球销售额占比为 68.7%，时至 2020 年前十企业的全球销售额占比 76.5%。

2. 市场竞争激烈

世界十大香精香料公司，他们在本国的销售额占比一般达到三至五成，剩余的部分通过出口销往其他国家和地区。如今欧美的传统消费市场已经饱和，随着亚洲经济的快速发展，亚太地区已成为世界经济发展的新生力量。亚洲市场的日渐成长，如今已成为跨国企业竞争的目标，尤其是在中国的市场。诸多国外香精香料企业已经将目光聚焦到了中国市场。

3. 高科技高投入

全球前十名的香精香料公司每年安排的研发投资，一般占总销售额的5%—10%。例如，1997 年美国国际香精香料公司(IFF)投资了 9 700 万美元用于香精香料研发，占当年销售额的6%。同期英国布希·波克·阿兰公司(BBA)的投资研发占比是5%，瑞士芬美意公司(Firmenich)新产品和新技术研发的占比是 10%左右。

4. 重视安全和环保

国际上成立了许多组织机构，在行业安全和环保立法中发挥了重要作用。1966 年，为了日用香料的安全，美国日用香精香料企业出资成立了国际日用香料研究所(RIFM)。国际日用香精香料协会(IFRA)成立于 1973 年，是国际化的香料组织。他们合作制订对日用香料安全环保评价的程序、办法以及评价计划。RIFM对日用香料的安全还有环保环节进行试验和评价，评价的结果交 IFRA 执行。另外还有如美国食品香料和萃取物制造者协会(FEMA)等组织，通过他们审定安全环保的可食用香精香料，到目前为止已达 1 800 多种。

5. 香精为销售主导

香精类产品是世界十大香精香料公司的主要销售盈利产品。不仅是前十公司，其他知名跨国企业也是以香精类产品为主。究其原因就是其超高的附加价值带来的高利润。例如，日本香精香料企业的香精类产品产量占总产量的八成左右。

(二)中国香精香料发展特点

中国香精香料产业在快速增长的同时，也呈现出国际化发展的特点。随着全球贸易的不断扩大和经济全球化的深入发展，中国的香精香料企业积极拓展国际市场。它们与国外企业建立合作关系，进行技术合作、贸易往来和市场拓展，加强国际交流与竞争。中国的香精香料产品在国际市场上获得了广泛认可，出口量稳步增长，不断提升中国香精香料在全球产业链中的地位。

另外，中国香精香料产业也呈现出差异化和特色化发展的趋势。中国地域广阔，拥有丰富的植物资源和独特的文化传统，这为香精香料的研发和生产提供了得天独厚的条件。中国的香精香料企业积极挖掘本土植物资源，研发出独具特色的产品。例如，利用中草药、茶叶、花卉等天然植物提取物研制的香精香料，具有独特的风味和健康功能,受到国内外消费者的青睐。

此外,中国的香精香料产业也在加强与相关产业的协同发展。香精香料作为食品、饮料、化妆品等行业的重要原料,与这些行业密不可分。中国的香精香料企业与食品制造商、饮料厂商、化妆品公司等密切合作,共同研发新产品、改良配方,并提供个性化的解决方案。这种协同发展促进了产业链的升级和增值,提高了整个产业的竞争力和附加值。

最后,中国香精香料产业也在不断加强人才培养和创新能力。中国的香精香料企业积极投入人力、物力和财力,培养专业人才,提升研发创新能力。通过与高校、科研机构的合作,引进国内外专业人士的经验和知识,推动技术创新和产品研发。同时,中国政府也非常重视香精香料产业的发展,通过出台一系列政策和措施来支持和促进该产业的健康发展。政府鼓励企业加大研发投入,提升创新能力,推动技术进步和产品升级。同时,政府加强监管和质量控制,确保香精香料产品的安全性和合规性,维护消费者权益。

此外,中国的香精香料产业还积极探索绿色可持续发展的路径。一方面,企业增强环境保护意识,倡导绿色生产理念,力图减少对环境的影响。通过采用清洁生产技术、提高资源利用率和节能减排等措施,推动产业的绿色转型。另一方面,中国的香精香料企业也在积极开展生态文明建设,关注生态环境保护和可持续利用。通过合理规划和管理植物资源,保护野生物种,实施可持续采购和种植,推动产业与自然生态的和谐发展。

综上所述,中国香精香料产业在快速增长的同时,呈现出国际化、差异化和特色化发展的特点。中国正积极拓展国际市场,加强技术创新和合作,注重绿色可持续发展,加强与相关产业的协同发展,并得到政府的支持和推动。相信在未来,中国的香精香料产业将继续迈向更加繁荣和创新之路,为满足消费者需求、推动经济发展作出更大的贡献。

(三)香精香料未来发展趋势

1. 绿色可持续发展

绿色可持续发展是香精香料产业未来的重要发展方向之一。随着全球环境问题的日益突出,消费者对绿色产品的需求和关注度不断提高。因此,中国香精香料企业必将积极采取措施,推动绿色可持续发展。

企业将加强环境保护和资源利用。它们将通过优化生产工艺,降低能耗和废物排放量,减少对环境的负面影响。同时,香精香料企业将积极探索并应用清洁生产技术,提高资源利用效率,降低生产过程中的环境污染。

企业将推动绿色制造和低碳生产。通过采用清洁能源、改善能源利用效率和减少温室气体排放等措施，减少环境负荷。例如，使用太阳能和生物质能源作为生产过程中的能源来源，减少对传统能源的依赖。此外，企业可以通过引入节能设备和技术，提高生产效率，降低能耗。

中国香精香料企业还将加大对天然、有机原料的研发和应用力度。天然原料通常来源于植物、动物和微生物，具有较低的环境影响和更好的可再生性。香精香料企业将加强对天然植物资源的保护与管理，确保资源的可持续利用。同时，积极研究和应用有机合成技术，以开发更多天然和有机的香精香料产品，满足消费者对绿色和天然产品的需求。

另外，循环经济也是绿色可持续发展的关键理念之一。中国香精香料企业将加强废物回收利用，推动废弃物资源化利用。例如，通过废弃物的转化利用，将废弃物转化为有价值的原料或能源，降低资源消耗和环境污染。

2. 创新技术的应用

创新技术的应用对于中国香精香料产业的未来发展至关重要。随着科技的不断进步，新兴的生产技术和工艺为香精香料产业带来了更多的机遇和挑战。

首先，生物技术在香精香料领域的应用逐渐受到关注。生物技术利用生物学和分子生物学的原理，通过生物转化、发酵和生物催化等方法，实现香精香料的生产。通过利用微生物和酵素的作用，提高香精香料的产量和质量，并减少对化学合成原料的依赖。例如，利用酵母菌进行香料成分的发酵生产，可以获得具有独特风味和丰富化学成分的香精香料。

其次，萃取技术在香精香料生产中具有重要作用。萃取技术通过溶剂或超临界流体对植物材料进行提取，获得香精香料所需的活性成分。这种技术能够高效提取植物中的挥发性化合物，保留香精香料的天然风味和活性成分，同时减少对植物资源的消耗。萃取技术的应用还能够满足消费者对天然、有机产品的需求。

分离和纯化技术也在香精香料产业中扮演着重要角色。高效的分离技术能够帮助企业从复杂的原料中提取纯净的香精香料成分，提高产品的纯度和质量。通过应用各种分离技术，如蒸馏、萃取、膜分离等，企业能够获得更具特色的优质的香精香料。

分析技术在香精香料产业中的应用也越来越重要。分析技术可以帮助企业对原料和成品进行准确的成分分析和质量控制，确保产品的稳定性和安全性。例如，气相色谱－质谱联用技术（GC-MS）和液相色谱－质谱联用技术（LC-MS）等高级分析方法，能够对香精香料中的化学成分进行详细的分析和鉴定。

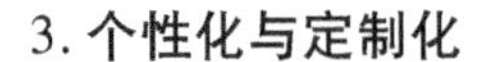

3. 个性化与定制化

个性化与定制化需求是中国香精香料产业未来的重要发展趋势之一。随着消费者对个性化产品的追求，香精香料企业将积极满足消费者多样化的需求，提供个性化的香精香料解决方案。

企业将加强对消费者喜好的深入了解。通过市场调研和对消费者进行洞察，企业将了解消费者的口味偏好、文化背景和地域特点。这有助于企业根据消费者需求开发符合其喜好的香精香料产品。例如，根据消费者对不同风味和风格的喜好，企业可以开发出多种口味丰富、风格独特的香精香料，满足不同消费群体的需求。

企业将注重产品的个性化特点。通过独特的配方和制作工艺，企业可以开发出独具个性化特点的香精香料产品。例如，根据不同文化背景和地域特点，企业可以开发出具有浓郁地方风味的香精香料，满足不同地区消费者的需求。同时，根据消费者的个人喜好和需求，企业还可以提供定制化的香精香料服务，满足消费者对个性化产品的追求。

科技的进步也为个性化和定制化需求提供了更多的可能性。借助先进的技术和创新的生产工艺，企业可以更灵活地调整产品的成分、浓度和风味，以满足不同消费者的需求。例如，通过数字化技术和人工智能，企业可以根据消费者的口味偏好和反馈数据，实时调整产品配方，提供个性化的香精香料产品。

企业也将加强与消费者的互动和沟通。通过市场调研、消费者反馈和社交媒体等渠道，企业可以了解消费者对产品的意见和建议，及时调整产品策略和开发方向，更好地满足消费者的个性化需求。

4. 健康功能的强调

健康功能的强调是中国香精香料产业未来的重要发展方向之一。随着健康意识的提升，消费者对产品的健康功能和益处越来越关注。中国的香精香料企业将进一步研发出具有健康功能性的产品，以满足消费者对健康和养生的需求。

(1)企业将加强对天然原料的研发和应用

天然原料通常富含丰富的营养物质和活性成分，具有多种健康功能。例如，一些植物提取物具有抗氧化和抗炎作用，有助于减少细胞损伤和炎症反应。香精香料企业可以利用这些天然原料开发出具有健康功能（如抗衰老、促进消化、增强免疫等）的香精香料产品。

(2)企业将注重产品的功能性研发

通过引入先进的科学技术和研究手段，香精香料企业可以深入研究和开发具有特定健康功能的成分和配方。例如，研究人员可以利用生物活性物质的分离、鉴定和评估,确定具有抗菌、镇痛、抗过敏等特定功能的成分,并将其应用于香精香料产品中。

(3)企业将注重产品的安全性和合规性

随着监管标准的提高,消费者对产品的安全性和合规性要求也日益提高。香精香料企业将加强对原料的筛选和检测,确保产品不含有害物质和重金属,且符合国家和国际的法规标准。同时,企业也将积极参与相关行业组织和标准制定,建立行业自律机制,推动行业规范发展。

(4)企业还将加强与科研机构和专业机构的合作

通过与科研机构的合作,企业可以与其共同开展临床研究和实验室验证,确保产品的安全性和有效性。与专业机构的合作可以促进技术交流和知识分享,提高企业的产品研发水平和创新能力。

5. 国际合作与市场拓展

国际合作与市场拓展是中国香精香料企业未来发展的重要方向。随着全球经济一体化进程加快,国际市场的竞争越来越激烈,中国的香精香料企业将积极加强与国际市场的合作与交流,提升国际竞争力。

(1)企业将积极参与国际标准的制定和推动实行

国际标准对于质量控制、产品安全和贸易便利化起着重要作用。中国香精香料企业将加强与国际标准化组织和行业协会的合作,积极参与标准的制定和修订,确保产品符合国际标准和质量要求。这有助于提升中国企业在国际市场的认可度和竞争力。

(2)企业将加强与海外企业的合作

通过与国际知名企业的合作,中国的香精香料企业可以借鉴其先进的技术、管理经验和市场渠道,提升自身的竞争力和产品质量。合作可以涵盖技术研发、产品创新、市场推广等方面,实现资源共享、互利共赢。

(3)企业将积极开拓国际市场,拓宽出口渠道

中国作为全球最大的制造和出口国之一,香精香料企业将充分利用中国丰富的资源和优势,积极参与国际贸易,拓展海外市场。通过加强营销策略和品牌推广,提高产品的知名度和美誉度,企业可以在国际市场上获得更大的市场份额和竞争优势。

(4)企业还将加强与国际渠道商和分销商的合作

与国际渠道商的合作可以帮助企业更好地进入国际市场,拓展销售网络。与国际分销商的合作可以提高产品的市场覆盖率拓宽产品的销售渠道,实现更广泛的产品销售。

第二章　中国古代香料文化的发展

香与香料这个富有丰厚文化底蕴的古老名词家喻户晓，自古以来烹饪常用的花椒、桂皮、葱、蒜等更是人人皆知。因为他们都具有香味，故泛称为芳香物质。我国人民对芳香物质的应用有着悠久的历史，北宋香学大家丁谓所著《天香传》就有相关记载，香之为用从上古矣。自古以来，花草树木以及芳香悦人的气味都融合于朝夕诸多必备，渗透于日常生活的方方面面。婴幼少青、耆老耄耋乃至眉寿期颐，终生不可能离开，食为其生，以自求其乐。更何况酒中趣、茶中情、菜中味，以及人们饮食乐趣、富贵美食追求等都离不开香味。多种古籍记载说明：食、医、农、林以及与其相关科学的发展，孕育、滋润、培育和促进了香文化的发展。

香料香精通常泛指具有香气香味的一类物质，是香文化的重要组成部分，是我国最早用于中外贸易的重要物资。这类物质除部分品种来自化学合成和从天然香料单离外，其余都由天然的芳香动植物加工而成。其制成的各种类型产品为现在人们所称的天然香料（包括辛香料）。因此，芳香动植物是天然香料的物质基础。几千年来，虽然历史发生了巨大的变迁，但随着社会生产力的发展和科学技术的不断进步，人类社会对香物质的启蒙、探索、应用以及在内外交流的发展过程中，不断演绎变化、充实与丰富了香文化的内容。

这里指的香文化，泛指在中华民族社会发展过程中所创造的物质财富和精神财富总和的点滴部分。不同年代的发展既有史籍记载，也有香物质文化遗址、出土文物，虚实昭然，吸吮与咀嚼起来颇具我国独特的香文化气味。

现在提及的香料香精，是以香物质为中心，谈及发展史，其目的就是回顾与前瞻，寻找与弘扬我国香文化史，发扬与繁衍我国香文化，加强与国外合作，促进我国香料香精工业在未来香飘万里，为人类作出更大的贡献。

一、秦汉前：香文化的萌芽

（一）传说、岁时、典籍蕴藏着丰厚的香文化内涵

1. 传说与民俗

（1）神农尝百草，华夏万花香

自古以来华夏文明在炎黄故土繁衍着强大的国家和民族。我国是一个以农立国的文明古国。相传神农（炎帝）教授民众耕作栽种桑麻、烧制陶器。倡行日中为

市，首辟市场，为民治病，始尝百草。民有疾病，未知药石，炎帝始味草木之滋，尝一日而遇七十毒，神而化之，遂作方书，以疗民疾，而医道立矣。神农尝百草发现梅，教导子民食梅以治病养生，从此梅成为古代人的食物之一。

——《帝王世纪》《三皇本纪》《通鉴外记》

(2)孟春岁首，椒柏五辛

自夏代历法建寅以孟春为岁首开始，几经变化。从汉武帝建太初历至今，民间习俗正月初一，鸡鸣而起，先于庭前爆竹，以辟山臊恶鬼。进椒柏酒，饮桃汤。进屠苏酒，胶牙饧。下五辛盘，进敷于散。椒是玉衡之精，服之令人却老，柏是仙药。尊卑次列，以年少者为先，各进此酒于尊长，称觞举寿欣欣如也。五辛荤菜（大蒜、小蒜、韭菜、胡荽、芸薹）可发五脏之气以辟疠气，敷于散（柏子仁、麻仁、细辛、干姜、附子等制成散）辟邪舒鬼以取吉祥。

——《荆楚岁时记》《风土记》《四民月令》《问礼俗》

(3)端午习俗，艾蒲苍香

端午时节，民间喝雄黄酒，用角乘（粽子），烧苍术雄黄艾叶驱虫蚁，五色草浸水沐浴，捭蒲剑悬艾虎，儿童五日佩香囊以争奇斗巧，盖香囊制自闺中，以五色丝或绸布编缀成禽兽瓜果等形，中实香料，悬衣襟上，可爱且行动时清香洋溢，香霭馥馥，辟邪辟秽，情趣盎然。

——《续齐谐记》《采风录》《大戴礼记》

(4)九九芳晨，人寿花香

九九重阳，日月并应，登高舒啸，清心悦神，怀古助情。食糕捭菊、赏菊、制作绛囊，佩茱萸，捭茱萸，赐茱萸，食蓬饵，饮菊花酒令人长寿。

上述百草香辛香，缅怀圣贤，返始报本，慎终追远。又从时年的生活习俗中祈求香馥美好、四季安乐的环境，这里面都蕴藏着香与味的文化内涵。

——《西京杂记》《艺苑雌黄》

2.《诗经》寻香文化

作为中国最早的诗歌总集，《诗经》收入西周至春秋中叶500多年间的诗歌305篇，分为风、雅、颂三大部分。《小雅·谷风》中已有植物百卉、百谷、百蔬、百药等的名称出现。《豳风·七月》中有四月秀葽、六月食郁及薁、七月烹葵及菽、八月断壶、九月叔苴、采荼薪樗（音chū）、十月获稻。说明当时人民已掌握这些植物的栽培、成熟采集利用等方法。全书共载有植物178种，动物160种。诗中内容运用赋、比、兴的手法，语言朴素优美，音律自然和谐，描写生动真挚。香料调味料、油料、草药染料、纤维材料都寓于这

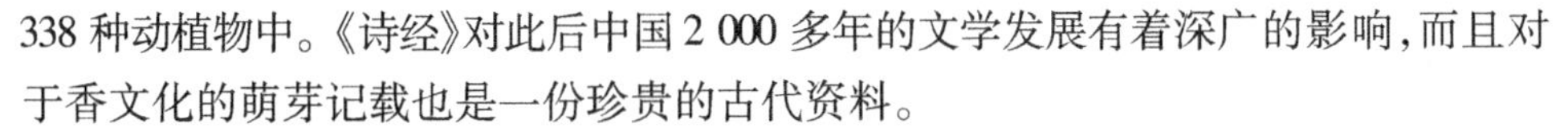

338种动植物中。《诗经》对此后中国2 000多年的文学发展有着深广的影响，而且对于香文化的萌芽记载也是一份珍贵的古代资料。

（二）《楚辞·离骚》记载的芳香植物

《离骚》为战国时期爱国诗人屈原之作品，2 300多字的长诗用花草树木等比拟手法痛斥与赞颂当时的社会现实，又据《离骚草木疏》统计，诗中共载草木55种，其中芳香类草木44种，另有11种莸草。例如，诗中载有："杂申椒与菌桂兮，岂惟纫夫蕙茝""纫秋兰以为佩""予既滋兰之九畹，又树蕙之百亩""朝饮木兰之坠露兮，夕餐秋菊之落英"。诗中还涉及的芳香植物如橘、松、柏、楸（梓）、芝兰、荪、荃（菖蒲）、杜衡、女萝、杜若、艾、葛、茅等等。

从《离骚》载香44种说明古人崇尚香花芳草，并以椒桂、桂馥兰芳等芳香赋之人的美德，如上古人类的精神寄托之香就有："至治馨香，感于神明""其香始升，上帝居歆""其德足以昭其馨香"以及"有飶其香，邦家之光"等的记载，说明馨香、美德源远流长。

（三）甲骨的香及其说文

甲指龟甲，骨指牛的肩胛骨，殷商时期人们用铜刀、石刀在龟甲或兽骨上刻字为人们占卜之用。甲骨埋了3 000多年直至1899年才被人们在河南省安阳市小屯村的殷墟中发现。在洹水之滨已3 000多年的甲骨，最初被安阳人以为是药物，自1899年被福山王懿荣识为古文刻辞以来至今已120多年。古时香写为上正从黍下亦甘。《春秋传》曰：黍稷馨香。因为香是会意字芳也，从黍从甘。《说文句读》解释：甘者谷之味，香者谷之臭。《说文通训定声》析按穀与酒之臭曰香。又有《部首订》析：草臭之美者曰芳，谷臭之美者曰香，然谷食之臭，黏者尤甚，故芳香之香从黍从甘会意。从上面的引文可以看出香与酒、谷物、花草有着密切的联系。特别要指出的是古文的"香"已将香味与香气都包含在其中，这与现在泛指的香有类同之处。

（四）椒桂早期应用之记载

椒桂为山椒与桂树的统称，皆为香木，枝、叶、实、皮，皆早已入药和作烹饪之用。从中国考古新人化石多处发现表明，在盐已被应用的同时，酸枣、花椒、茱萸、薄荷、紫苏等也很可能已被利用。从夏代开始中国从石器时代进入青铜器时代，即战国时代之前，对于椒桂的记载就比较多了。清代，袁枚撰写的《随园食单》从上至春秋战国下至明清的经典名著、饮食掌故不下百种的巨著中总结得出花（山）椒、桂皮、茴香、丁香、砂仁、芥末、胡椒等在烹饪中的调味功能。特别总结出，花（山）椒用处最大：除诸气（灭腥、去臊、除膻）之物皆不可少，甚至连盐馅点心亦非有不可，素菜中的腌菜也宜用之。至于桂皮、茴香、牛、羊、鹿、兔诸物皆用之能去腥、膻，必不可少，但不可多，用丁香则太烈、砂仁亦太香，均不甚宜。从近3 000年的文献与其本人实践的总结，可以看出，这么多的经典名著将椒桂皆选入，说明传统的椒桂对于香文化萌芽及发展有重要的作用。

除此之外，其他著作也同样有记载，如《诗经》有“椒聊之实，蕃衍盈升”“有椒其馨”。《荀子》也有“椒兰芬苾”，《离骚》有“怀椒糈而要之”的说法。刘向《楚辞·九叹·逢纷》有“椒桂罗以颠覆兮，有竭信而归诚”。

椒桂古代作为酒、酯、浆、椒觞等饮料的原料。特别是桂皮、桂枝、桂心皆可入药，具有补火助阳、引火归元、散寒止痛、活血通经、驻颜悦色的作用。椒桂在熏香方面的使用2 300年前就有过记载。《韩非子·外储说左上》有“楚人有卖其珠于郑者，为木兰之柜，熏以桂椒，缀以珠玉，饰以玫瑰，辑以翡翠，郑人买其椟而还其珠”的故事。这可谓是香料熏香在中国的最早记载。

以上举例说明了椒桂在中国香文化的发展过程中的地位、作用以及重要意义。

（五）香文化之渊源始于上古

听迷幻离奇的传说，想岁首民俗的今昔，看诗、礼、辞、书所载，查考上古甲骨鼎文，见识诸多文化遗址，重读伊尹滋味汤，酒岂、汤液、醚、醴等等，实内容庞杂琐碎，无论如何还是可以取其片言只语，引入纲领，抑或文辞约举、东拼西凑总算可以拎出一条线索来，将抽象的香跟花、酒、草、树木的物质基础紧密地联系起来。用古籍展现出古代人民崇尚芬香美好，见识不断积累。虽没有直观言明，但实质上是潜在的香之文化之内涵，因此可以说香文化之渊源始于上古。

二、秦汉（魏、晋、南北朝）：芳香植物的应用

（一）《神农本草经》载的芳香植物

《神农本草经》是我国最早的药物学专著。全书三卷（后世通行为四卷辑本），于汉武帝太初元年（公元前104年）成书，将前人零星药物知识进行系统总结。书中包含了许多芳香植物应用价值的内容，以草本为本，载入包括动物、植物、矿物在内的365种药物。其中，1997年收入国家药典的有158种，影响深远。在2 000多年来的发展演变过程中，其中252种植物药的某些品种、某些部分历经药物—蔬菜—调料、蔬菜—香料—药物、药物—香料等等变化。就不同部位不同剂型的应用而言，尽管有变化，但万变不离其宗。也说明此书的内容现今还具有一定的实用价值。

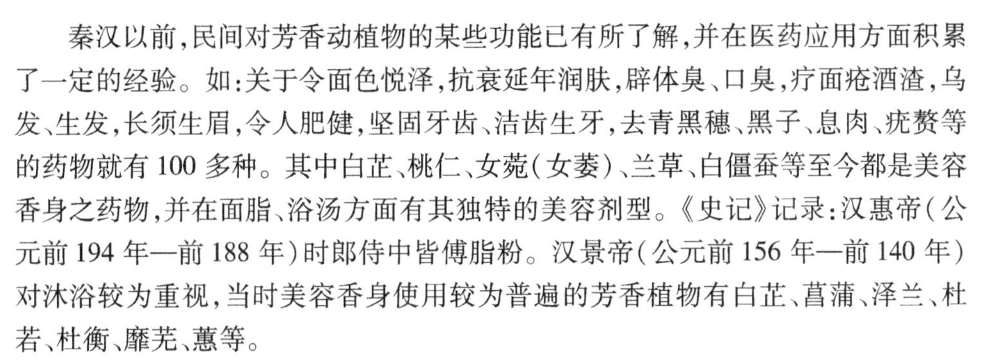

秦汉以前,民间对芳香动植物的某些功能已有所了解,并在医药应用方面积累了一定的经验。如:关于令面色悦泽,抗衰延年润肤,辟体臭、口臭,疗面疮酒渣,乌发、生发,长须生眉,令人肥健,坚固牙齿、洁齿生牙,去青黑穗、黑子、息肉、疣赘等的药物就有 100 多种。其中白芷、桃仁、女菀(女萎)、兰草、白僵蚕等至今都是美容香身之药物,并在面脂、浴汤方面有其独特的美容剂型。《史记》记录:汉惠帝(公元前 194 年—前 188 年)时郎侍中皆傅脂粉。汉景帝(公元前 156 年—前 140 年)对沐浴较为重视,当时美容香身使用较为普遍的芳香植物有白芷、菖蒲、泽兰、杜若、杜衡、靡芜、蕙等。

《神农本草经》书中所载菌桂、薪雉功能,前者主治百病,养神和颜,为诸药先聘通使,久服轻身不老,面生光华,媚好常如童子。后者即辛夷,主五脏身体寒热,风头脑痛,面野。

书中记载的药物的加工(如:水煮酒渍、膏煮等制剂)为后来化学制药、化学提取芳香物质提供了有益的启示。例如,对采松脂法,以桑灰汁或酒煮软纳寒水中,数十过,白滑则可。除此外加工不含杂质的松香也有记载。

《神农本草经》看似是药物本草的记载,实际是包含着几十种天然香料和 100 多种美容药物的内容丰富的著作,珍贵的麝香、名贵的鸢尾、苔青的松萝,还有独活、椒辣、桂甜、甘草、仁香、花也美。种种香与味为《神农本草经》与香料等潜在的多种文化的融会发展开了先河。

(二)长沙马王堆西汉古墓文化遗址

该汉墓中二号墓系长沙国丞相轪侯(利苍)之妻辛追的墓葬,辛追去世约在公元前 165 —前 145 年间,这段时间汉朝经文景之治,太平盛世、民康物阜,辛追又为诰命夫人、相室之妻,故出土文物较为丰富。女尸手中握有两个香囊,内装药物,另外梛箱中也发现四个香囊、六个绢袋、一个绣花枕和两个熏炉。经鉴定装有辛夷、肉桂、花椒、茅香、佩兰、桂皮、姜、酸枣粒、高良姜、藁本等,这是迄今发现保存最完好的一批古代的芳香植物的标本。出土的药物中的茅香、杜衡、竹叶椒、高良姜在《神农本草经》中均无记载。这些芳香植物及其制品,表明当时死者生前曾熏香或携带香药以避秽、驱邪、祛病、养心安神或作日常生活用品之用。

除此之外,出土文物中还有《五十二病方》《杂疗方》《却谷食气》《养生方》等十一种古医帛书。这是我国已发现的最古老的医药方书。单《五十二病方》中约有 15 000 余字,收入医方总数 283 个,药物有 248 种,应用的各类植物中芳香植物占有相当的比重。《养生方》中的补益方、芍桂(即菌桂)、细辛、荻(青蒿或草蒿)、秦椒等也都为芳香植物;还有辛温药中的干姜、桂、菌桂、细辛、薰本、白苣、松脂、防风以及紫苑、乌喙等是帛书中出现频率较高的品种,方剂中大部分为两味药以上组成的复方。出土鉴定的多种芳香植物与帛书记载的防病治病、膳食养生、美容香体等方子已得到越来越多的应用。

出土的文物香囊、绢袋、绣花枕、熏炉及其所用的多种香料,也在证明衣冠疗法及芳香疗法已有被人们重视和被应用的迹象。

(三)丝绸之路开通与香文化的交流

汉武帝时国力强盛,建元二年(公元前139年)张骞出使西域,元朔三年(公元前126年)回汉后,又奉命出使西域诸国,开辟了丝绸之路,成为汉朝和中亚各国建立友好关系的开端,促进了中外经济文化的交流和发展,对促进人类文明的发展和科学技术的进步作出了巨大的贡献。两汉年间,中亚和西亚的红花、葡萄、胡葱、胡桃、安石榴、葫(帛蒜)、胡麻、亚麻、大蒜、苜蓿、胡椒、姜胡瓜、胡荽、胡豆(蚕豆)、石蛋、诸香、胡菜(油菜中的白菜型)等传入内地。元鼎六年(公元前111年)汉武帝统一两广后又在云南、贵州设立郡县,与东南亚毗邻国家交往也多起来,两地之间的物资交流相应猛增。丝绸之路的开通,加强了经济文化的交流、繁荣了经济、增强了民族间的和睦友好,而且为内外创造了一个安定缓和的环境,并为社会的诸多文化进步和发展开创了良好局面。

在这样祥和的环境中,香药的输入新品种多了,数量也显著增加。这既增长了人们的见识,又促进了国内传统的芳香物质与输入香药间的糅合应用,并在实践考察中向前推进了一大步。自此之后,外来香药在医药、烹饪、食品和生活各个方面的应用不断地扩大,新的实践经验知识扩大了香的概念。汉朝以来外域入贡,香之名始见于百家传记。西南蕃之香独后出焉,世亦罕知,梵香之法不见三代,汉唐衣冠之儒,稍稍用之。道家,旃檀、伽罗盛于缁庐。名之奇者,则有燕尾、鸡舌、龙涎、凤脑。不但如此,香也被视为道德伦理高尚的象征,至治馨香、明德惟馨,不乱财手香、不淫色体香、不诳讼口香、不嫉害心香等香的概念扩大到人类哲理方面的应用。

(四)铁烹早期膳食中香调料的充实

汉武帝执政延续汗景帝施政之纲,加强中央集权制,把冶铁、煮盐、铸铁、运输、贸易统辖官营,北御匈奴南拓两广,多次通使西域促使丝绸之路畅通。此施政措施既有利于商贾和手工业流通和发展,又有利于与周边及诸蕃的经济文化之交流,活跃繁荣双方经济,还有利于建立与巩固和善共处与礼尚往来,因此直至魏晋南北朝、唐宋之间仍入贡不断,和睦相处。

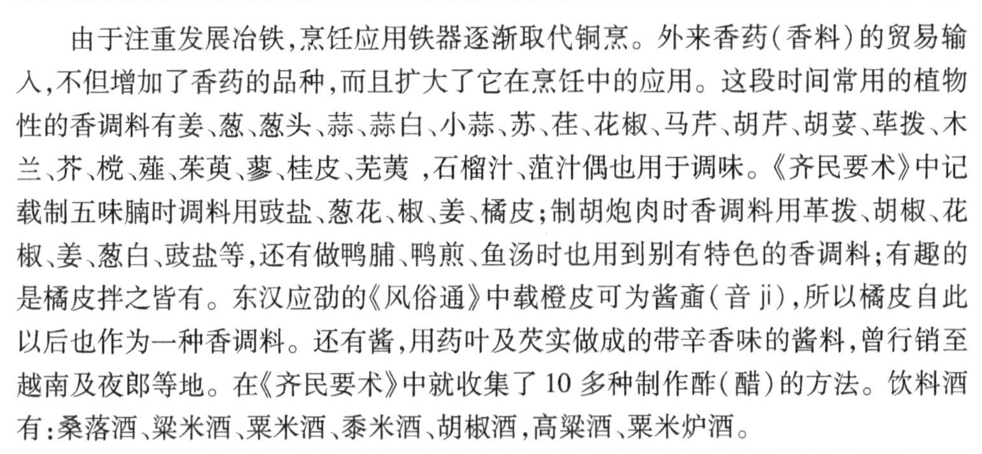

由于注重发展冶铁，烹饪应用铁器逐渐取代铜烹。外来香药(香料)的贸易输入，不但增加了香药的品种，而且扩大了它在烹饪中的应用。这段时间常用的植物性的香调料有姜、葱、葱头、蒜、蒜白、小蒜、苏、荏、花椒、马芹、胡芹、胡荽、荜拨、木兰、芥、榄、薤、茱萸、蓼、桂皮、芜荑，石榴汁、菹汁偶也用于调味。《齐民要术》中记载制五味脯时调料用豉盐、葱花、椒、姜、橘皮；制胡炮肉时香调料用荜拨、胡椒、花椒、姜、葱白、豉盐等，还有做鸭脯、鸭煎、鱼汤时也用到别有特色的香调料；有趣的是橘皮拌之皆有。东汉应劭的《风俗通》中载橙皮可为酱齑(音 ji)，所以橘皮自此以后也作为一种香调料。还有酱，用药叶及荚实做成的带辛香味的酱料，曾行销至越南及夜郎等地。在《齐民要术》中就收集了 10 多种制作酢(醋)的方法。饮料酒有：桑落酒、粱米酒、粟米酒、黍米酒、胡椒酒，高粱酒、粟米炉酒。

据西晋左思《蜀都赋》载，蜀地自古盛产井盐、甘蔗、辛姜、菌桂、丹椒、茱萸，其他动植物也相当丰富、所制作的菜肴特点以麻辣、辛香为特色。至魏晋南北朝以后香与味逐步南北中交汇。酸、甘、咸、苦、辛五味之和。香药(料)的交流传入使烹饪用香调料充实。料是基础，火是艺术，料、火组合烹调创造出不同流派各具特色的烹饪文化。故料之充实，使味更美更香。

(五)美容、香(洁)身、园艺观赏已有记载

爱美之心人之秉性，美展示人之生肌与道德风貌。早朝议政、芳日迎宾、祭祀怀祖、聚首相会等活动中注意礼尚仪表、香身(洁身)、防臭甚至随带香包，吊挂香囊作为避秽卫生之用。用香自古已有，是人们从生活中长期来形成的习俗。较为实在的用途是美容、食品，如《神农本草经》记载的杏仁、桃仁、酸枣、葡萄、枯柚、大枣、龙眼、洋桃、海藻等，食膳美容，食之味美，效在其中，充饥饱腹，经济实惠。除此外还有粉然美容、药物美容，后者属疗效性的美容。最典型代表作为葛洪撰《肘后备急方》和他利用芳香植物中的白芷、藁本、木香、生姜、醋、辛夷、细辛、白附子、白芍制成辟瘟病的粉身粉、合和手脂膏、荜豆香藻以及制成世界上最早的治疗狐臭的药水。还有至今为止我国出现最早的令人体香方、蜡泽饰发方、《孙真人食忌》生发方、炷烧熏香衣法、六味熏衣香法以及经验方善治狐臭法等，虽然距今已 1 800 年，但其配方仍不失其现实应用价值。南梁刘峻撰《类苑》载“猪牙皂角及生姜，西国升麻蜀地黄，木律旱莲槐角子，细辛荷叶要相当。青盐等份同烧煅，研熬将来使更良，揩齿牢牙髭鬓黑，谁知世上有仙方”。此方是最原始最早的粗陋牙粉，具有洁齿、杀菌、凉爽、芳香的功能。

西汉起观赏园艺逐渐兴起，人们已注重对环境的美化。扬雄撰《蜀都赋》中记载花木以至果树,私园开辟并将奇树、芳藤、名花、异草配植其间。晋代陶渊明的"采菊东篱下,悠然见南山"中的白花复瓣九华菊这一品种的出现是世界上最早的记录。晋朝嵇含撰《南方草木状》载有黄猄(蚁)治柑橘害虫的方法,这是生物防治的世界最早记录。此时又有茉莉花皆胡人自西国植于南海,南人怜其芳香,竞植之等的记载。

《三辅黄图》记述元鼎六年拓两广破南越时,汉武帝将蜜香(亦称沉香)引种到长安扶荔宫的经过。蜜香,又称沉水香,既是著名熏香香料,又可作为药用,还是楼台亭阁、家具的重要材料。

香药(料)珠宝的输入、辟秽卫生熏香的开拓与环境香紧密地联系在一起。与此同时,美容香身、体香也受到重视且与环境香自然地缀合于一起,为人所爱。妆奁渐多,宫掖用香增多,佛藏诸香问世,凝合和香法,法和妙香法也融合发展起来,香文化的发展出现了崭新的时代。

(六)香品兼容并蓄始于中古

秦汉以前,芳香动植物虽有一些,但在香身辟秽、安心养神甚至烹饪调料等方面的应用都非常之有限且单调。自从汉时始通南粤,《西京杂记》有丁缓作被中香炉,《汉武内传》载西王母降燕婴香,自是而后,殊方外域多贡奇香,闽越贾舶往来岛国,香之珍异日繁,而和合窨造之法日盛。

从上面几行字的小结可以导出:丝绸之路的开通,使东西经济、文化、商贾往来交流增加。对于香之珍异日繁起了重要的作用,有了物质基础的保证,促使香和合香窨造之法日盛,配方比比皆是,产品日渐增多。

除此之外,魏晋南北朝时,刘宋宫廷贵族对香辟秽也颇为重视,美容香身,抗衰延年、润肌祛斑,手脂、浴汤、澡豆等的香方、杂香方也相继出现。而且所出现的香方类配方已从单方发展至复方,剂型的形式也多样化。为隋唐时期香文化的繁荣发展创造有利条件。

三、唐宋:灿烂的香文化

(一)外来香药(料)的交融与《海药本草》

1. 周边国家往来

丝绸之路开通之后,国内外经济文化等领域交流颇多,输入香药(料)与传统芳香物质糅合起来,拓展了制造方法,并逐渐扩大其产品在各方面的用途,所需的原料也相应地增加。商贾繁忙通使不断,如隋炀帝遣雪云骑李昱使通波斯,其遣使随昱贡方物。漕国土多朱砂、青黛、安息、青木等香，石蜜、半蜜、黑盐、阿魏、没药、白附子。《吐鲁番出土文物》载了“丝绸之路”中西交汇的代表之一的吐鲁番，买药人材料出处的香药记录中有乳香、安息香、龙涎香、冰片、苏合香、绛真香等，一次出售达2 963斤，并由这里转向内地。

唐高宗永徽二年(651年)阿拉伯国家与唐通使，至唐太宗李世民时设“关市”，扬州、洪昌等地都有商贾足迹，朝廷所接朝贡也增加了。647—762年间波斯遣来使就有28次之多，外来输入香药有乳香、没药、沉香、木香、砂仁、诃黎勒、芦荟、琥珀、荜拨、苏合香、乌片(鸦片)、底野迦(含鸦片的膏丸)、牛黄、犀角等。此时胡芦巴也传入了中国，此外还有象牙。

当时的越南输入中原的有白老滕、庵摩勒、黎勒、丁香、詹糖香、诃黎勒、白茅香、桐木、白花、沉香、琥珀、珍珠、槟榔、蛇胆甚至驯象，其中以苏方木输入量最大。

同时与印度往来也多起来，唐贞观十六年(642年)印度献火珠、郁金香、菩提树、龙脑香。随交往传入中国的佛教经书等前后翻译有11部，其中包括《耆婆所述仙人命论方》《龙树菩萨和香法》二卷。

541年中国医师到朝鲜进行医疗活动，促进了双方医疗、经济、文化的交流，朝鲜的人参、五味子、昆布、芜荑等传入中国。

2. 鉴真和尚东渡日本

唐天宝二年至十二年(743年—753年)，鉴真和尚师徒一行六次东渡日本，每次都带去大量的药材及香药(料)。据《东征传》记载：天宝二年东渡时带去麝香20剂，龙脑香、檀香、安息香、青木香、沉香、甘松香、甲香、零陵香、薰陆香等600余斤。还有胡椒、阿魏、荜茇、诃黎勒、石蜜等500斤，甘蔗80束……可见唐代时中国与周边国家香药(料)往来的盛况。

3.《海药本草》

“丝绸之路”开通后与阿拉伯国家交往甚密，不但输入大量香药(料)，而且传播了有关的文化、香药(料)知识，输入的香药(料)与传统芳香植物糅合在一起，充实了诸多疾病的疗方，产生了焚烧熏燎、美容、辟秽、美白肌肤、调味、加香、防腐灭菌以及作为果子药食用等用途，还出现了《南海药谱》《海药本草》等著作。《海药本草》作者为李珣，字德润，出生于四川梓州(今四川省绵阳市三台县)，为波斯商贾李苏沙的后裔。李珣是香药商人，经验丰富，他广收博采、稽其究竟、汇之审慎总结成书。本书收录有96种产于海外的香药(料)，并标明了产地。特别要提到的是书中记载的青木香、兜儿香、阿魏、荜拨、肉豆蔻、零陵香、缩砂、荜澄茄、红豆蔻、艾纳香、茅香、甘松、蜜香、迷迭香、丁香、藕车香等50多种芳香药条目，明示为输入。填平补缺的品种很有价值，此书的问世对于中外香药（料）文化交流起到了积极的作用。

（二）唐代香药（料）在医药中的应用

1.《外台秘要》中芳香植物的应用

本书为唐代王焘所著，养颜悦色、祛斑洁面、增香润肤、乌发生须、固齿健身、延年益寿等功效的配方尽数收入，特别在美容专卷中对面部、面脂、头膏、发鬓、衣香、腋臭、口臭、风齿口臭，以及令人体香的澡豆（现在的肥皂）等都有配方。全书共收有430首配方，所有的香药（料）都离不开带有辛味的具有祛风、除湿、活血化瘀功能的香料（如：白芷、防风、细辛、当归、藁本、生姜、辛夷），还加进增香添色的龙脑、丁香、麝香、藿香、零陵香等，甚至有的配方全部香料都用上。

其中卷二十三中的腋臭方37首，令人体香方4首，杂疗止汗方10首。卷三十二中的配方里，面膏面脂兼疗面，面色悦方共有18首，生发、秃发、令发不生方26首，颇有启发性，具有一定参考价值。

2. 美容香身香药（料）的应用

唐代孙思邈撰《备急千金要方》中从卷十五至卷二十一专有治七窍病方，具体来说有香膏治鼻塞、治口中臭、身体臭令香、七孔臭令香、熏衣香，澡豆洗手面、令白净悦泽，面膏祛风寒、令人面光悦、却老、祛皱等的内容。

（1）香口香体方

桂心、青木香、豆蔻、藿香、零陵香各1份，甘松香、当归各5份，香附子20份，槟榔宜量，共末和蜜成丸，常含1丸在口，咽汁，为芳香辟秽香口香体。

（2）甲煮口脂方

檀香、零陵香、苏合香、薰陆香、丁香、甲香、沉香、藿香、甘松香、泽兰香各1份，加入胡麻油15份。甲香须与酒蜜炼制方可用，作为合香之用，胡麻油加热煮后制成。方中除甲香当时作为动物香外，其余都为现在应用的植物香料。

《备急千金要方》收载唐代以前例方81首，《千金翼方》卷五也收集美容诸方80多首，“妇人面药”内用者14首，外用的“面脂”“悦泽”“面药”“白膏”“令面生光”“澡豆”等25首，应用药物125种，动植物香药76种。其中含挥发油的芳香动植物有麝香、细辛、白芷、白附子、川芎等多数的配方都缺不了，丁香、当归、龙脑等也广泛地用于配方中。这些最常用的香药（料），既有芳香，又具有抗菌消炎活性成分，有些还含有营养肌肤的维生素成分。因此，现代美容可尝试古方今制，返璞

归真，标本兼治。芳香物质，重现价值。

(3)外伤科兽药与香料

外伤科与兽药自古与香药(料)也结缘，因为芳香药多数具有抗菌消炎，对真菌有强烈的抑制活性作用，也有芳香开窍、活血化瘀、行气止痛、舒筋通络、祛风解痉等独有的特点，同时对于气滞积聚、时感瘟疫也颇见效。唐代蔺道人撰的《仙授理伤续断秘方》中的"匀气散"等药方中的芳香透骨、活血化瘀功能非香料药莫属，且剂型多种多样。唐代李石等撰的《司牧安骥集》里面的"木香散"等也都有香药(料)的糅合而发挥其治疗功能的方法。

唐代医药空前发展，《旧唐书·经籍志》载各类医家医籍有110家共3 589卷，标志着医药学已发展达到相当的水平，而当时的香药(料)的应用都广泛分布在相关的行业之中。

(三)唐代香文化的方方面面

秦汉以来，香文化已取得了长足的进步。除主观因素外，还因为香文化融合于社会的方方面面，社会的诸多领域、系统都不是孤立的，是互相渗透、相互依赖、彼此促进的关系。进入唐代以后，视野更加开阔，又经贞观之治、开元盛世，多种文化迸发，香文化的进步举世瞩目。

1. 花食(医)文化与香

(1)花食(医)

花是人们赋予的统称，《尔雅·释草》中有"木谓之华，草谓之荣。不荣而实者谓之秀，荣而不实者谓之英"。花荣秀英，芬芳美艳，体态婀娜，香、味系情。自古以来，民俗的花节、花神、花仙，文学的诗词歌赋文，艺术的琴棋书画拳，总都与花卉情丝难断，文学、艺术在骚人墨客笔下总是融会在一起，花中有典、花中有诗、花容芳香沁人心脾，寻趣花食，乐幽陶醉。

我国的花食(医)文化源远流长，花羹、花膳、花饮早于唐风宋雨之前，而又延续至今，上下几千年，纵横数万里，各地区、民俗已有上百种的花卉掺于海鲜水产、禽鸟虫蛋、谷蔬菌果、什锦花拼的佳肴美味以及茗饮中。这些香喷喷的美味食品中花之香、烹之味融于一起，给人们以美好的享受，也是美食寻趣的花香文化与饮食文化交融的体现。唐宋年间花食之风颇盛，唐宴席的桂花栗子羹、菊花糕、广寒糕、锦带糕、蟹眼糕及后来的茉莉豆腐花、茉莉鸡脯、白兰花鸡片、酱醋迎春花、菊花鲈鱼、桂花干贝、牡丹花汤、桂花汤圆、玫瑰甜糕、银花露。桂花、桂花酱、玫瑰、玫瑰酱也是一种香调料，花卉和羹独树一格，芳香美味催人欲啖。

花卉的食用和药用、食补和药补、食养和药疗统一起来，发挥了花食药用的攻邪、补正作用。在历史上为人民的身心健康曾作出了巨大的贡献。

桂花：甘、温，可温中散寒，暖胃止痛；

玉兰花：性温，温中解肌，利九窍、明目；

月季花：活血祛疾、拔毒消肿；

丁香花：祛风散寒、开窍理气、消除疲劳、提神醒脑。

此外玫瑰花甘苦温、利气行血、止痛祛风湿，治痔血、月经过多、赤白带下等。花食既可以疗病祛疾，又可防病养生，鲜花香气还可调节中枢神经，平抑血压、头痛、眩晕、失眠，对人体生理、心理起到花香疗愈的作用。

(2)香

古代的香，除理解为香气、香味之外，还有日常烧的香、佛门用的梵香。从东汉佛教传入中国，到唐代玄奘西行取经“一苇渡江，白莲东来”。人们处在多元化、扩散性、交融性以及宽宏的灵活性、适应性和谐共济的社会中，俎豆馨香、道境祭天，念经拜佛的精神寄托已与现实生活联系在一起，教经等的信念逐步普遍化、平民化。统治者与下层人民的信仰、祭祖的伦理思想、祭祀的社会功能、祭天的政治功能已扭合与维系在一起。教祀、山出多门，香火极盛。报本返祖、慎终追远的思想越来越深化并促使上层社会的运行与平民社会的凝聚，人群交融、人与自然的相亲形成一种不可抗拒信念，正邪难分，香火见虔诚。因此，当时的“香”及其相关制品名目繁多。虽在这里不可能一一列出，但总的一句话是“至治馨香，感于神明”。因此不管精神抑或物质，香与香料都是表达信念的必需品。

自古以来，四月初八都被我国人民认为是佛诞日，用香汤灌佛像自唐代以后十分盛行。香汤以牛头旃檀、紫檀、多摩罗香、甘松香、白檀、龙脑、沉香、麝香、丁香等多种妙香互掺而成。密教作坛时用五宝、五谷、五香埋于地下(五香：沉香、白檀香、丁香、郁金香、龙脑)，另外洗袈裟亦用香汤，禅宗所用香汤系用陈皮、茯苓、地骨皮、肉桂、当归、枳壳、甘草等七种香药煎成。其他宗派用的香也相当考究，种类很多。法华经卷四载香、抹香、涂香、烧香等为十一种供奉中之数种。烧香所用之香的种类因修法之类别和供奉尊像的不同而不同，如：消灾、增益、降伏、敬爱等不同祈求分别焚沉水香、白檀香、安息香、苏合香。金刚部、羯磨部分别焚丁子香、薰陆香。此外，还有多种和合制成的香，可随意取用供养诸尊，如用白檀香、沉水香、龙脑香、苏合香、薰陆香、安息香、香附子香、甘松香、柏木香、天木香、摩勒迦香、钵地夜香等17种香药(料)与砂糖混合而成的香。另有线香：沉香、桂皮、甘松香、安息香、白檀

香、丁子香、龙脑、大茴香等香药(料)和合而成。

佛以乳香、枫香为泽香,椒兰蕙芷为天末香,天末香以牛头旃檀为代表,天泽香则有詹糖香、薰陆香,天华香莫若馨兰伊蒲……佛兰香、法华香诸香五花八门。

焚香所用之炉多用金属或陶制成,其中以博山香炉最为著名。博山炉系汉代大铜器,后世用作佛具,至六朝唐代也盛行一时,香霭馥馥、祛邪辟秽、清心悦神、畅怀舒心、远辟睡意。

综上所述,单寺庙烟火应用之香的品种之多以及用料之讲究就可见一斑。除此之外,还有用于身体之灌沐、散道场、洒诸物、洒净水(含有香气之净水)——香水(梵语 Gandha-vari)等用法。又据《本传》载:唐宣宗每得大臣章奏必盥手焚香然后读之。可见上至统治者,下至老百姓,焚香、清净、辟秽、烧香祭祀之风之盛。

2. 生活中的香制品

(1)最早的药物牙粉

20 世纪 30 年代初期,河南安阳殷王墓出土文物,有全套的盥洗用具壶、盂、盆等,说明当时人们已注意对牙齿的保护,出现了漱口。南梁刘峻撰《类苑》中有这方面的记载,唐代王焘撰《外台秘要》中也记载用柳枝作为揩齿牙刷并附有配方:升麻半两,白芷、藁本、细辛、沉香各三分,寒水石三分研碎,捣筛为散,每朝杨柳枝咬头软,点取药揩齿,香且光洁。另有一方云:用方石膏、贝齿各三分、麝香一分,尤妙。宋代许多医学的著作也有这方面的记载。

(2)香皮纸与香墨

①香皮纸

晋太康五年(284 年)大秦国献蜜香纸 3 万幅,帝以万幅赐杜预,令写《春秋释例》,纸以蜜香树皮叶作之,微褐色,有纹如鱼子,极香,坚韧。唐代段公路撰《北户录》载罗州多笺香树,身如柜柳,皮堪捣纸,土人号为香皮纸。刘恂撰《岭表录异》也有同样的记载:皮堪纸,名为香皮纸。皮白色,有纹如鱼,其纸漫而弱,沾水即烂,不及楮皮者。说明沉香的树皮在当时已被综合利用。

②香墨

文房四宝的香墨,唐玄宗时以芙蓉花汁调香粉作御墨,曰“龙香剂”。较为贵重的墨非加香不可,如加入麝香、龙脑、甘松、藿香、白檀香、丁香、零陵香、陈皮、卷柏、郁金、苏木、牡皮等香料和中药调制成的复合物。高级的书画墨,清雅芬芳,坚如玉,纹如犀,紫玉光泽,具有写千幅纸不耗三分等优良特点,书画质量经久不变,着水不化,防腐不蛀,“蜀纸麝煤添笔媚”道出了唐代“研精麝墨,远思龙章”的史实。到了宋代,李孝美撰《墨谱法式》中提到冀公墨法、韦仲将墨法少不了麝香。廷珪墨、油烟墨配方中都使用了栀子仁、黄藁、秦皮、苏木、白檀、甘松香、零陵香等。关于李廷珪之墨到南宋宣和年间(1119—1125 年)有云:黄金可得而李墨不可得矣。廷珪墨为世所贵,因为"质量上乘,墨色不褪,坚如犀石,莹泽丰腴,腻理可爱"。加工过程"惟加入蔷薇露者,其香经久不歇,其次则九擀之时旋入脑麝"。

(3)艾叶蚊香与澡豆

唐末宋初,民间普遍用艾叶揉制成的绳状蚊香熏驱蚊子。《孙公谈圃》《分门琐碎录》《夷坚志·乙志》皆有蚊香的配方,制作、销售情况。

澡豆、胰子是肥皂的前身,直至 20 世纪初还在应用,因加工中加入猪胰,后捣匀制成豆粒状而得名。古代澡豆加工十分考究,晋代葛洪撰《肘后备急方》中就有荜豆香藻法,唐代孙思邈《备急千金要方》中:洗手面,令白净悦泽。到了唐德宗年间(780—782 年)宫廷使用的澡豆相当讲究,吸收前人的制作经验,制作出既芳香又具有抗菌、消炎的保健澡豆(相当于现在的保健香皂),如配方中用白芷、白及、白附子、白蔹、茯苓、白术等六种香药(料)加入桃仁、杏仁、沉香、麝香、皂荚等制成,用于沐浴、洗手,此方具有辛香、发散、祛风之功能,香气浓郁且能祛垢润肤。

(4)《云仙杂记》与《开元天宝遗事》中有关香的记载

唐人冯贽《云仙杂记》(卷六)《大雅之文》引《好事集》所载:"柳宗元得韩愈所寄诗,先以蔷薇露灌手,薰玉蕤香后发读。"又据《册府元龟》记载,五代时后周显德五年(958 年)占城国的贡物中有蔷薇水十五瓶,"言出自西域,凡鲜花之衣,以此洒之,则不浣而复,郁烈之香,连岁不歇"。《开元天宝遗事》载唐明皇宠妃子,不事朝政,安禄山初承圣眷,献助情花香百粒,大小如粳米,色红,每当寝之际则含香一粒,助情发兴筋力不倦。杨贵妃生活中相当讲究,衣食住行、沐浴皆与香连在一起。香沐浴、香奁、香宫粉、沉香亭、帏中衙香、贵妃香囊、香荔枝甚至与宾客议论时先含嚼沉磨方启口。宠妃之事可以联想到其兄长杨国忠,造四香阁,用沉香为阁、檀香为栏,以麝香、乳香筛土和为泥饰壁,每于春时木芍药盛开聚宾友于此阁上赏花。冬日燃炉先以白檀香末铺于炉底,余炭不能掺杂。可见杨国忠与贵妃一样以香为醉。

牙粉、澡豆(肥皂),人皆要用,文房四宝的纸墨为儒生的必备工具。至于蚊香更是富贱不分,患者必焚。说明唐代香药(料)应用的普遍性,加香产品的广泛性。从应用的实践过程积累了经验和丰富了科学文化知识,为后来的合香、美容以及香料的加工、提取创造良好的条件。

（四）宋代前后周边国家往来及谱、录专著

1. 周边国家往来交流情况

中国医学史上，两宋时期是中医药学开始大发展与对外贸易开始旺盛的时期。指南针在航海中的应用、活字印刷术的发明为科学技术的总结传播起了积极的作用。各种通（专）谱、录、志、史、经、记、集、编等不断出现。这里举出几部与香药（料）关系较大的著作，以见香药（料）的应用。

政和五年（1115 年）进士叶廷珪曾任泉州知州兼市舶使，绍兴二十一年（1151 年）撰有《南蕃香录》一书（已佚），记载了 61 个国家和地区的 47 种香药（料）的有关情况。

2. 香花窨茶与《北山酒经》曲中应用的香料

（1）香花窨茶

唐代陆羽撰《茶经》及宋代蔡襄辑《茶录》中，制茶时添加龙脑已早为人们通晓。北宋初，入贡者微以龙脑和膏欲助其香。当时龙脑茶为团茶，是一种贡茶，为改善茶叶香气，有人用花共茶烹，茉莉花窨茶尤香。据南宋赵希鹄撰《调燮类编》载：木樨、玫瑰、茉莉、蔷薇、兰蕙、橘花、栀子、木香、梅花皆可作茶。元代倪瓒撰《云林堂饮食制度集》载莲花茶和桔花茶。明代钱椿年辑《制茶新谱》提及制取蓬花茶法，这是一种活体花蒸香气窨茶法，香气佳，但工序比较麻烦。蔷薇茶、桂花茶、玫瑰茶、合欢茶等都是一种很好的保健饮料。

宋代陈敬撰《香谱》中也录有经进龙麝香茶、孩儿香茶、香茶。说明近千年前人们已重视茗之香，合和而出现的香茶，更为茶文化增光添彩。

（2）酒曲用香料

①瑶泉曲。在白面和糯米粉中加入白术、防风、白附子、官桂、瓜蒂、槟榔、胡椒、桂花、丁香、人参、天南星、茯苓、白芷、川芎、肉豆蔻、杏仁拌匀过筛，用桑叶裹好发酵制成，用同样方法和类似的配方还可以生产滑台曲等同类系列食品。

②香桂曲。酒曲的一种，用料大致如下：白面拌防风、官桂、木香、白术、杏仁、苍耳、蛇麻、井花水发酵而成。

③金波曲。酒曲的一种，配方用料：木香 3 两、川芎 6 两、白术 9 两、白附子 5 两、官桂 7 两、防风 2 两、黑附子 2 两、瓜蒂 0.5 两，上料捣为末，每料用精米白面共 300 斤经发酵制成。

上举之例的制曲食品中加入的香料，绝大部分为传统的芳香植物，个别为外来输入的香药（料）。可见酿酒业、发酵食品类、甜酒酿、低度酒精饮料等的生产都与

芳香植物糅合在一起。生产出来的食品或饮料都各具特色,是含有挥发性芳香成分的食品或饮料。因此,具有悠长历史的酒文化,孕育着含香气、香味物质方方面面文化的发展,其中香文化是其重要的组成部分。

3. 经典记载有关香料

(1)《太平圣惠方》与《圣济总录》

《太平圣惠方》为北宋王怀隐等人奉宋太宗之命修辑的医方巨著,全书100卷,分为1 670门,收入16 834首配方。其中,卷四十以美容为主,收入187首配方;卷四十一,专门收入120首须发配方,还有多种补益驻颜方240余首。书中收集包括五代至宋初宫廷的美容及日用化妆品方面的方药,唐德宗年间的宫廷方药如永和公主澡豆方等都收入书中。宋徽宗政和年间(1111—1118年)召集名医撰写《圣济总录》,全书共200卷,68门,录方近20 000首。如:粉刺、面体疣、狐臭、须发门、乌须发、自秃、赤秃、面上瘢痕、治狐臭等等,范围很广。上述两部巨著同为宋代汇辑的重要医方著作,在美容理论和药学的发展中产生巨大的影响。配方中离不开香药(料),甚至有的配方全都为香料。

(2)《太平御览》

该书为宋太宗时李昉等人编纂,于太平兴国八年(983年)成书,全书有1 000卷,分55部,引书浩博多至1 690种,收入与香、香料有关内容归入981—983卷,香部一列出麝香、鸡舌、影金等7条,描述解析35条;香部二列入苏合、枫香、藿香、迷迭香、芸香等19种香料介绍;香部三对兰香、槐香、白芷、蒸本香等16种香料作了介绍。

(五)香文化发展的兴旺时期

唐宋时代,由于多种文化的迸发进步,潜在诸多文化的糅合与融汇,这些文化相互促进,并在活字印刷术发明、应用的驱动下得到了发展。香药(料)应用的扩大,知识的积累、总结与传播,以及香史、香录、香谱等文献的出现,说明香文化已处于兴旺发达时期。

(六)园艺香花文化与经、谱、记、志

园艺香花异草艺术具有深远的香文化内涵,其姿、韵、色、香表现优雅气质,并再现大自然的风情。高雅的艺术特质中包含着自然科学、美学、文学、礼仪等多种学科的内容。以花言志,以型表情,激励人们追求姿、韵、色的自然美,探索香的秘密,从而得到高雅的享受。

园艺香花异草、奇树芳藤的开辟种植，自古已有，秦代的上林苑、隋代洛阳西苑、唐代辋川别业，白居易的庐山草堂、唐相李德裕的平泉庄、宋朝寿山艮岳都是当时的名园。李格非撰《洛阳名园记》载有洛阳19个名园的有关情况，以种芍药、牡丹为盛，对于在洛阳种植的茉莉、山茶、紫兰等，与原培育产地的差异都有记载。盛唐时期园艺香花更是日益兴盛，花卉品种增多；寺院园林对平民开放，风景区、游览胜地多起来了，如当时的长安、曲江、钱塘、西湖栽种了不少的名花。国际交流也增多了，梅花、桂花、菊花等东传日本，地中海的水仙花引进中国。到了北宋徽宗时期，大兴造园栽花之风，洛阳建有宅园20多处，皆广植名花，具有城市山林的特色。与此同时，全国各地花卉生产中心也应运而生。香花、名花、嘉木、盆景的观赏成为春夏秋冬四季的盛景，东南西北千里飘香。观赏花卉已成为花卉文学创作的重要生活园地。多年来已发展成为中华观赏园艺的一大特色。唐诗、宋词、花谱、专谱（通谱）等作品极盛，仅南宋有菊谱6部，兰谱11部，花卉文学高度发达，相关的谱、经、录、史、志也相应地增多。以下谱、经举例。

欧阳修《洛阳牡丹记》（我国第一部牡丹专著）、范成大《范村梅谱》（世界上第一部梅花谱）、周师厚《洛阳花木记》、赵时庚《金漳兰谱》、张应文《罗篱斋兰谱》、王贵学《兰谱》、刘蒙《菊谱》、范成大《范村菊谱》、刘攽《芍药谱》、陆游《天彭牡丹谱》、张峋《洛阳花谱》、沈立《海棠谱》、苏颂《本草图经》、陈景沂《全芳备祖》、李德裕《平泉山草木记》、《魏王花木志》、贾耽《百花谱》等等，虽然有一些已经失传，但遗留的资料仍然给后人留下深刻的印象。这些谱、经、记不但是我国香花文化的宝贵资料，也体现了隋、唐、宋时代经济、科学文化以及植物学的繁荣昌盛，也是宋代在花卉栽培上取得重大成就的反映。

四、明清：香料文化的稳定发展时期

（一）明代海内外经济文化交流

1. 丝绸之路拓展海上香瓷之路

明朝处在封建经济高度发展的时期，农业、手工业和商业都有所发展，特别在东南沿海一带的一些手工业部门中已经出现了稀疏的资本主义萌芽的迹象。此时也是中国医药学史上开始大发展并出现革新倾向的历史时期。永乐三年（1405年）郑和率舰队通使西洋两年而返。此后，他又屡次出使，至宣德八年（1433年）总计28年间，七次出国远航，途经30余国，最远到达非洲东岸红海沿岸。他秉承朝廷命令与亚非各国加强联系，各国大多因此与明朝通好。郑和经过一些地方以瓷器、丝绸、铜、铁器、金银、大黄、茯苓、生姜、肉桂、人参、麝香等换回来各国的香料和药物。如:降香、丁香、木香、沉香、檀香、苏木、胡椒、肉豆蔻、白豆蔻、乳香、没药、龙脑、片脑、米脑、糠脑、脑油、脑柴、安息香、阿魏、藤黄、蔷薇水、乌泥爹、大枫子、奇南香、金银香、土降香、血竭、芦荟、荜澄茄、番油子、梅花、苏合油、栀子花、龙涎香,闷虫药等40多种当地的特产,为大明形成"香瓷之路"这一经济文化友好往来之纽带打下了良好的基础,其功绩永载于世。郑和的随行人员马欢著有《瀛涯胜览》,费信著《星槎胜览》,巩珍著有《西洋番国志》等。后来黄省曾著《西洋朝贡典录》(1520年),共三卷23篇,分别记载郑和下西洋的23个国家的道里、山川、风俗、物产、器用、语言、衣服等情况。所收资料中的小地名与针经偶有仅见此书记载的,故亦成为研究明代香料交流、输入与南海交通的参考书。

2. 外来香料进一步融汇糅合与应用

(1)饮食文化与香文化的交融升华

①繁荣与成熟时代。

南宋至明清时期,对外经济文化交流频繁,香料贸易通过"香瓷之路"输入的品种不断增加,在与传统芳香物质交汇融合之后,经多年的实践,应用经验日益丰富了,有关的知识也增长了。香料可用在烹饪、食品、果品加工、药物美容、香身、香妆品以及药物中多种门类(如:风痰门、气滞积聚门、时感瘟疫门、脾胃门、儿科惊风门)。特别要提到的是饮食方面,随着北方民族的南迁渗透,生活习俗及饮食方面的变化,南烹北味,诸多流派逐渐通融,集聚众长,烹饪文化步入繁荣成熟时代。此时烹饪用香草、辛香料,酒、酒糟,桂花、桂花酱,玫瑰、玫瑰酱,芝麻、芝麻酱(油),五香粉以及苦味料如苦杏仁、柚皮、陈皮、槟榔、白豆蔻、贝母、枸杞,等等,饮食文化已高度发达,饮食与生存,养生与享受融为一体。美味多姿,丰味多彩的食物主体为香、滋、味之美,但终究其根为香与味。而当时的香与味所用的香料已是融汇糅合,应用得当且既有火候艺术的配合又注意色香味形相佐,形成了成熟的饮食烹饪文化,涉及这一时代又各具特点的名著作品很多。

②《饮膳正要》与《居家必用事类全集》。

《饮膳正要》,元代饮膳太医忽思慧著,共三卷。内容主要叙述各种补益药物与日用饮食馔品的配合烹调方法。是中医学中研究食疗和营养的专著。书中总结载有香调料:胡椒、小椒、芫荽子、五味子、荜拨、桂、草果、莳萝、陈皮、生姜、干姜、良姜、姜黄、苦豆(葫芦巴)、黑子儿、马思答吉、咱夫兰(红花末)、哈昔泥(阿魏)、稳展(阿魏根)、栀子、蒲黄、回回青等。传颂的名点饮料菜色有:御方渴水饮料、桂沉

浆、阿剌吉酒、青鸭羹、白羊肾羹以及制作牛肉脯法等等。

《居家必用事类全集》,与《饮膳正要》同为元代作品,花卉入粥、民间饼食、名花酱料、玉饮名茗,通晓群众之实,应用配方也离不开香料。如龙脑或麝香窨茶法、孩儿香茶法,以香花熟制取法为例,取夏月有香无毒之花摘半开者,冷(过)熟水浸一宿密封,次日去花以汤浸香水用之,这是最简单的制作方法。还有制作实用的五味姜、糟姜法,饼食类的木香煎,等等。

(2)香料——饮食烹饪文化发展的物质基础

中国已应用的500余种调味料与分布在国内的84种食用香料有着密切的关系。自古至今,药食同体、医食同源说有广泛的共识基础,烹饪文化与香文化的相互渗透与逐步融汇和糅合应用,历史悠久、源远流长。3 600多年前的椒桂之用,公元前239年(秦始皇八年)吕不韦撰《吕氏春秋》卷十四《本味篇》中“阳朴之姜,招摇之桂”的记载,已有二千多年的历史。事实上,饮食烹饪文化之进步也促进了香文化的进步,从其融汇糅合应用说明,灿烂辉煌的东方文明的象征——饮食文化的物质基础离不开香料。香、味与香文化,饮食烹饪文化与香文化,虽不出于一辙,但脉络归源始于一物。因此,可以说香料也是饮食烹饪文化发展的物质基础之一。

(二)《本草纲目》及其芳香品目

1. 概况

《本草纲目》为明代医药学家李时珍所撰,他博览群书,参考了800多种文献资料,历经27年终成此书。全书共52卷,以16部为纲,60类为目,共载录1 892种药物。植物药分属草、谷、菜、果、木五部,以下又细分若干类别。按化学成分和性味分类的有草部的芳香类、木部的香木类、菜部的荤辛类等,均为芳香植物。其中第十四卷草部之三芳香类记载了56种,第三十四卷木部六类之一香木类记载了35种。此外,还有一些香果、柑桔、柠檬、佛手、玳玳,动物香料的麝香、灵猫香,等等。含挥发油成分的动植香料,仅上述所指的种类就不少于160种。我国16世纪以前,包括传统的芳香动植物在内的以及外来输入的海药(香料)尽收入其中,因此,《本草纲目》对于研究中国医药学和动植物香料是一部极具参考价值的巨著。

2. 香料—香药—香妆品配方种类

《本草纲目》是一部研究天然香料及其性状、相关知识的具有参考价值的著作。本书集各家之所长,列入美容、美发、乌发、生发、粉刺、祛雀斑、去黝、除口臭、香身、治狐臭、面脂、口脂、增白、驻颜、润肌肤、熏衣等的相关药物270多种,内服剂型10多种,外用熏洗和膏剂20多种。对于美容具有特殊作用的藿香、麝香、零陵香、龙脑、白芷、细辛、防风、辛夷、当归、川芎、生姜等香料都有详细的介绍。香料中的辛香类在美容中不管什么剂型——外用或者内服,因其具有行气发散、祛风解表、疏通理血等的作用,书中也均给予介绍。香—香料—香妆品—美容—芳香篇在《本草纲目》中承接过去,总结以往经验,并加以发展,在理论上与药性(药理)上清晰阐述了香与美(容)的关系。

3. 香料—香药与芳香动植物名称

16世纪以前,丝绸之路的药材、地中海沿岸以及南洋群岛的香药(料)不断地被运往中国,以出售香药(料)为业而熟悉这方面业务的波斯人李珣(李苏沙之子)总结经验辑有《海药本草》一书,李时珍认为:《海药本草》即《南海药谱》,此书共六卷,收录药物颇丰富。书中所列96种海外药材香药(料),大部分既可入药又可以用于熏燎、调味、美容或作果子药。香药(料)是具有香味(气)的物质,也是现在所指的天然香料的一种。在通常情况下,香药(料)在某种范围内是一脉相承的。但由于产地不同、种属差异、加工方法及等级分档,商贸交易名称、实际应用名称、通用名、俗名、别名五花八门,同名不一定同物,反之亦然。特别要提到的是天然的芳香植物科属繁多,差之毫厘失之千里。《本草纲目》问世之前,香药(料)、芳香植物的名称比较杂乱,也不太引起人们的注意。到了《本草纲目》时代,李时珍引之审慎、多方考证、出之有据。在当时的历史条件下,能做到这样确保实在很不错。自此之后,一些香药(料)、芳香植物的名称,趋于统一和规范。《本草纲目》列出的多种香药(料)、动物、植物释名确定,集解叙述、产地形态、栽培方法介绍详细论著审慎,对于今后中外香文化的交流与发展应用方面,具有很高的参考价值。

(三)香文化发展之精粹——《香乘》

1.《香乘》著作历史意义

《香乘》成书于《本草纲目》之后,此书殚20多年之工夫。书中涉及香与香料有关的史、辑、谱、记、卷、志等的文献总结资料翔实,既有综合性的罗列,又有重点突出的内容。从史、谱、记的序及有关内容,可以粗略推断我国芳香动植物应用发展的阶段性,外来香药(料)的交流与输入时间,融汇糅合应用及合香、凝合的情况。《香乘》是一本专业性较强的专著。香品介绍较为朴实可靠,或融入佛界的名称,或列入应用的香事并注明了出处。如:沉香引入考证19条,生沉香之事有30条,并将生沉香的过去异名如蓬莱香、光香、海南沉香等10个名称解析详尽,书中引入的不少配方,在当时具有较大的实用价值,有的直至现在仍然有参考价值。花香疗法、芳香治疗具有现实的意义,如酒后独醒香、五香饮、十二香酱,以及保健酒精饮料，遵古法制、实为瑰宝。而返璞归真的丁沉煎圆，豆蔻香身丸、透体磨脐丹、木香饼以及多种的香茶类，对于美容香身、辟秽避臭、美发、悦颜等等的标本妙治、古今糅合，直至现在仍有现实的指导意义。

除此之外，《香乘》也记载了香与调香早期的零星做法与解释，很有哲理。总之，《香乘》在当时就具有现实的指导意义，的确为上乘的著作。文章溯古迹，博物寻原宗。虽然现代科学技术已达到高度发达的境界，《香乘》中的合香、和香、斗香（不是《红楼梦》所说之斗香）、凝合诸香等等概念已有所引申，但在古为今用、洋为中用，返璞归真、融会贯通的情况下，《香乘》仍然具有很好的参考价值。

2.《晦斋香谱》

此谱为《香乘》卷23，谱序中指出：香多产海外香，贵贱非一。而一草一木乃夺乾坤之秀气，一干一花皆受日月之精华，故其灵根结秀品类靡同。但焚香者要谙味之清浊，辨香之轻重，迩则为香，迥则为馨。真洁者可达穹苍，混杂者堪供赏玩。琴台书几最宜柏子沉檀，酒宴花亭不禁龙涎栈乳。不同的景致、活动场所所用香都不一样。春夏秋冬焚香皆有不同的品种，此谱提出与古代的五行学说理论联系在一起，好坏之分暂且不说，我们惟从香品之异，按不同实际情况使用，是切合实际的。

例如：

东阁藏春香：东方青气属木，主春季，宜华筵焚之，有百花气味。

南极庆寿香：南方赤气属火，主夏季，宜寿筵焚之。此是南极真人瑶池庆寿香。

西斋雅意香：西方素气主秋，宜书斋经阁内焚之。有亲灯火，阅简编，消洒襟怀之趣云。

北苑名芳香：北方黑气主冬季，宜围炉赏雪焚之，有幽兰之馨。

四时清味香：中央黄气属土，主四季月，画堂书馆、酒榭花亭皆可焚之。

上例中的焚香之法除了用方位与时令结合在一起，还要有具体的条件配合方能得到最佳效果。这与佛教焚香一样，具有不同伦理、对象和香品之分，因受儒尊道信佛礼教之影响，加上习俗乡规限制，古代线香应用的品类制品向多品系、多性状、多用途等方向发展。

3.《猎香新谱》

《香乘》卷25中载有新的应用配方。明代时已进口的香料有：膏香、油质、水、露等天然香料的提取物。鉴于这种情况，中国一些原有的传统产品所用的香料，若有新剂型的原料，则也尝试直接用膏、油、水、露代之，并从试用逐步扩大至美容香身类的配方中。如直接将苏合油、玫瑰露、玫瑰水等用于复合的配方中。并在加工过程中采用茶籽油，隔水加热浸泡，提取有效成分和色素的做法，以及用纱袋盛好香料浸泡提取油溶性的香成分，制成油质加香产品，等等，如头油香、油脂类香。谱中也列出，如宣庙御衣攒香、御前香、内府香衣香牌、世庙枕顶香，以及除蜜斑、酒刺的面香药等的配方都是直接应用这种剂型的原料。说明当时的人们从长期的实践中已悟出了用料之理，配搭之由，工法之效，逐渐启发、理解潜在的糅合哲理之所在。膏、油、水、露的直接应用以及溶剂的热法提取芳香成分，这样的工艺实际上是现代香料工业的先驱。

（四）花木种植推动农业发展

1. 花木盛世

自明代起，全国各地的观赏园林和花卉商品化生产逐渐兴旺。据《帝京景物略》载，明代中叶以后，北京“右安门外南十里草桥……居人以花为业，都人卖花担每辰千百、散入都门”。文震亨辑《长物志》载“花时，千艘俱集虎丘，故花市初夏最盛”。全国其他地方情况也类似，如河南鄢陵姚家花园，山东菏泽赵楼村，安徽歙县卖花渔村。广州西九里之花田尽载茉莉、素馨，栽培甚至超过百顷。《福建通志》载“各府皆产杜鹃，漳州、泉州盛产水仙”。《江西通志》载，“茉莉，赣乡皆常种，业之者以千万计，舫载江湖，岁食其利”。这个时候浙江余姚一带花卉种植也十分引人注目，有的地方已能掌握种植菊花并形成专业生产。松江法华、申江花市等地花卉的栽培已形成商品化的生产。总之花卉的栽培从庭院式已逐步形成商品化，规模虽小但在提供美化、香化、增添生活情趣方面起到积极的作用。小小的花卉不仅在情调、情趣中起作用，而且对于活跃小农经济，促进花卉产品的流通与花香文化的发展有着重要的意义。

2. 历代农书之最与花卉谱录史志之盛

明清时期由于推行“耕桑为治世首务”的宽松政策，农耕养殖、园林等都有所发展。旧时有句话“一农败百商”，当时的我国是一个以农立国的封建制国家，农兴则百业盛。上面所说的花木盛世，涵盖了种植、流通、消费应用等多个方面，园艺、花食、花香文化也随着当时诸多文化的发展而发展。此时的农学因国情及“耕桑为治世首务”繁荣起来，农书种类、数量是我国历史上最多的时期。单这一时期的农书就有 329 种，几乎为明代以前 1 000 多年来农书总数的一倍半。

（五）中国香（花）文化的跨越进步

1. 加香产品的发展与民族工业的萌芽

香料输入、流通顺畅、加香产品的应用扩大了，并逐渐从宫廷上层发展至贴近

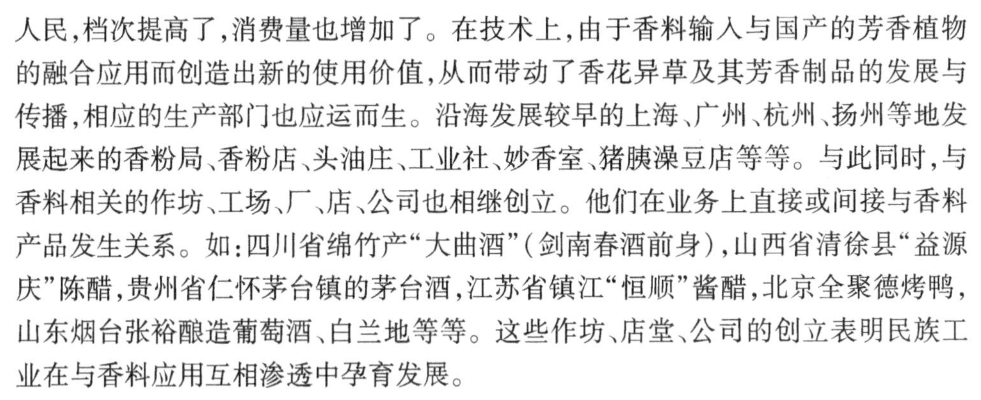

人民，档次提高了，消费量也增加了。在技术上，由于香料输入与国产的芳香植物的融合应用而创造出新的使用价值，从而带动了香花异草及其芳香制品的发展与传播，相应的生产部门也应运而生。沿海发展较早的上海、广州、杭州、扬州等地发展起来的香粉局、香粉店、头油庄、工业社、妙香室、猪胰澡豆店等等。与此同时，与香料相关的作坊、工场、厂、店、公司也相继创立。他们在业务上直接或间接与香料产品发生关系。如：四川省绵竹产“大曲酒”（剑南春酒前身），山西省清徐县“益源庆”陈醋，贵州省仁怀茅台镇的茅台酒，江苏省镇江“恒顺”酱醋，北京全聚德烤鸭，山东烟台张裕酿造葡萄酒、白兰地等等。这些作坊、店堂、公司的创立表明民族工业在与香料应用互相渗透中孕育发展。

2. 香料输出与花卉对外交流

由于明末清初制作樟脑的方法传入台湾。兴樟收赋，人民可增加收入，是开发利用资源、活跃经济的有效措施，故台湾的樟脑生产不断发展起来，并逐渐扩大到香茅和其他的香料品种。同样，桂油、薄荷也有一定量的出口。

除此以外，大陆沿海通商口岸不间断的也有八角、茴香、良姜、大黄、桂皮、麝香等香料的出口。

与此同时，经济文化交流也成为增进友谊的活动内容之一。中国的园艺香花异草及其有关制品传播至世界各地。由中国茶香月季（Tea Rose）和杂交长春月季（Hybrid Perpetuaf）杂交育成的芳香月季类（Hybrid Tea Rose）是19世纪中叶法国园艺家精心培育的，我国古老月季品种“月月红”月季、“彩晕香水”月季、“淡黄”月季、“月月粉”月季引入欧洲，促进了西方现代月季育种的进程，荷兰、美国的园林花木也有不少来自中国。

3. 中国园艺香花文化在世界的地位

据统计，全球植物近六分之一具有观赏性，其中花卉植物约有27万种，我国就有25 000多种。已发现的芳香植物有500种左右，至今为止已开发生产的有250种，并正在逐步开发利用中。已开发生产的品种中有些极具中国的特色。园林观赏植物中的芳香植物有的也同样奇特且芳香悦人，某些品种的原产种有的是出自中国。如：具有中国特色的木樨属植物（Osmanthus），全球总种数30种，中国产种数27种；蜡梅（Chimonanthus），不管山蜡梅、梅叶蜡梅抑或西南蜡梅等，全球总种数共6种，全部产自中国。含笑（Michelia）包括云南含笑、乐昌含笑、川含笑、醉香含笑等等，世界总种数60种，中国产种数40种；丁香（Syringa，不是桑给巴尔、印尼、马鲁古群岛、塞舌尔群岛等地的丁香，后者学名：Eugenia caryophyllata Thunb），世界总种数30种，中国产种数26种；油杉（Keteleeria）世界总种数12种，中国产种数10种；还有菊属（Dendranthena）。我国对菊类的研究自古已有，宋代刘蒙撰的《刘代菊谱》，全书共记载菊花35个品种，另附闻而未见的4个品种。我国原产种芳香植物类数相当丰富，不愧为香花园苑之邦，又从数字扩大到整个香花文化领域，说明古老中华的香（花）文化有着丰厚的物质基础。

第三章　中国古代香料与社会生活和贸易的联系

一、古代香料与社会生活的关系

（一）香料与中国古代美容化妆

1. 香料与古代美容化妆

随着人类文明和社会的发展进步，美容化妆逐渐成为人们社会生活的一部分。在中国，古人用香历史悠久，可追溯到5 000多年前的神农氏时代。当时人类闻着百花盛开的芳香，体验到芳香植物带来的快感与美感，很重视植物中挥发出的香气就将香花、香果、香卉等芳香植物奉献给宗庙神灵，创造芬芳四溢的宗教境界。后来先民逐渐把香料用于美容化妆中。夏商周时期，对香粉、胭脂的使用就有记载。宋代高承在《事物纪原》中称："秦始皇宫中，悉红妆翠眉，此妆之始也。"宋代李石《续博物志》载"三代以降涂，紫草为燕脂"。晋代张华《博物志》载"纣烧铅锡作粉"。《中华古今注》也提及晋代燕脂"盖起自纣，以红蓝花汁凝作燕脂。以燕国所生，故曰燕脂。涂之作桃红妆""自三代以铅为粉。秦穆公女弄玉有容德，感仙人萧史，为烧水银作粉以涂，亦名飞雪丹"。可见，早在三代脂粉类已有使用。香妆美容在我国的历史源远流长，《周礼》中记载周代设置专管宫廷女性容颜礼仪等事宜的"妇容"一职。《大戴礼记·劝学》中有："君子不可以不学，见人不可以不饰，不饰无貌，无貌不敬，不敬无礼，无礼不立。"

春秋战国时期美容护肤在民间已经比较普遍。战国时期才子宋玉在《登徒子好色赋》中曾经勾画出一个理想中的美人形象："增之一分则太长，减之一分则太短，著粉则太白，施朱则太赤。眉如翠羽，肌如白雪。腰如束素，齿如含贝。"想来又有多少女子能有如此完美的形象呢，大多数的女子还需借助香妆品的修饰与遮掩才有可能达到这一标准。当时常用的美容方法有：敷粉、涂脂、画眉、染唇、润发等，化妆用品也已经有了白粉（米粉）、铅粉、胭脂、唇脂、黛黑、发泽等。但春秋时的胭脂不是用产自西域或匈奴的红蓝所制，而是用原产于中国的紫草制成。《诗经·卫风·硕人》中有一首赞美卫庄公夫人庄姜的诗，反映国君夫人的庄重与高贵，体现了古人审美观念："手如柔荑，肤如凝脂，领如蝤蛴，齿如瓠犀，螓首蛾眉，巧笑倩兮，美目盼兮"。"窈窕淑女，君子好逑"，《诗经》的描述反映了当时社会以女子苗条颀长为美。但在多数情况下，这些美还是需要用化妆品来加以掩饰或修饰。《楚辞》中有"粉白黛黑，唇施芳泽"，说明战国时期的女性已用黛修饰眉毛，用芳香光亮的颜料来美化嘴唇。

战国以后，在宫廷妇女中宫粉胭脂开始大量使用。从已发掘的考古资料看，湖南长沙马王堆一号汉墓出土的梳妆奁中已有胭脂等化妆品，此墓主人为当时一位轪侯之妻。可见，在秦汉之际，女子已以胭脂妆颊了。没有香的化妆品是枯燥而没有生气的，后来张骞出使西域带回了包括胡荽、芝麻、核桃在内的不少香料，有些香料被宫中女子添加在脂粉等化妆品中。《阿房宫赋》中描写宫女们香妆品用量之巨，令人叹为观止。汉魏以后，宫廷女子的妆容日渐丰富，出现了一些新的化妆方式，如：额点香花的"寿阳妆"、两颊侧抹胭脂的"晓霞妆"。对于"晓霞妆"的来历有这么一段传说："（宫女）薛夜来初入魏宫，一夕，文帝在灯下咏，以水晶七尺屏风障之。夜来至，不觉面触屏上，伤处如晓霞将散，自是宫人俱用胭脂仿画，名晓霞妆"。女性妆扮不仅取悦了他人的目光，而且在妆扮的时候心神平和，汉代蔡邕在《女训》中称："故览照拭面则思其心之洁也；傅脂则思其心之和也；加粉则思其心之鲜也；泽发则思其心之顺也；用栉则思其心之理也；立髻则思其心之正也；摄鬓则思其心之整也。"可见古人还是提倡女性妆扮的。

爱香、爱美，人之秉性，用香粉、香泽、香汤是香身美体、避秽防臭的主要方法，自古已有，也是人们在长期生活中养成的习俗。查阅文献发现，早在南北朝时期，刘宋宫廷贵族对用香辟秽、美容就颇为重视，美容香身、悦泽面色、延年抗衰、润肤祛斑都需要用到香料，以香料配制的手脂、澡豆、浴汤等香方和杂香方在南北朝时期随之出现，配方渐从单味发展至复方，而香方的剂型也逐渐多样化。

隋唐时期社会生活安定，人们更加讲究化妆美容，盛装和浓妆是这一时期的特点。唐代女性化妆已形成一套合理的程序，依次为：敷铅粉、抹胭脂、画黛眉、贴花钿、点面靥、描斜红、涂唇脂，这些化妆品大多是由香料配制而成。面妆有红妆和黄妆。此时出现的眉形、唇形与发型丰富多样。名画《簪花仕女图》生动地反映了唐代妇女的服饰、发型、美容妆饰和首饰等情况。唐代有大量描写美容化妆的诗歌，民间形成了"邀人施粉脂，铅华不可弃"的社会风气。当时化妆品常被作为高级礼品互相馈赠。臣子也会得到皇家赏赐的美容化妆品，唐玄宗就曾赏赐张九龄化妆品。著名诗人杜甫写下了“口脂面药随恩泽，翠管银罂下九霄”的诗句。除了化妆，唐代女性还讲究用芳香草药保养皮肤与头发。庞三娘因为选用香草药美容，一生保持少女般的容貌。杨贵妃所用的“匀面润鬓二色膏油”，美白匀面配方为：白胭脂花、白杏仁花心、梨汁、白龙脑相熬，用以调粉匀面，使皮肤白皙光润；乌发润鬓的配方为：黑芝麻、核桃油、黑松子、乌沉香研碎混合，润鬓，使发黑而芬芳。可知在当时化妆品中添加香料非常普遍。但唐宪宗元和时流行的“时世妆”则不是那么讨喜，白居易有一首诗是这样形容时世妆的：“时世妆，时世妆，出自城中传四方。时世流行无远近，腮不施朱面无粉，乌膏注唇唇似泥，双眉画作八字低，妍媸黑白失本态，妆成尽似含悲啼”，由此可知时世妆是不施胭脂，只涂白粉，而嘴唇抹的是黑色的口脂，难怪流行时间不长，陈元龙在《格致镜原》中称之为“乃唐之俗工作”。

宋元时期十分流行淡雅、含蓄的面妆。柳眉、杏眼、樱桃小口、略施薄粉、淡涂胭脂在很长一段时间成为女性面妆的标准。由于当时女子对化妆品的需求量极大，尤其宫廷女子更甚，京城成为化妆品生产经营的重要集散地。到了南宋时期，朝廷偏安杭州，该地化妆品产业因此十分发达，以至于化妆用的脂粉被称为杭粉。杭粉一直到明末清初仍久负盛名，并远销海外。在宋代秦观的《南歌子》中：“香墨弯弯画，燕脂淡淡匀，揉蓝衫子杏黄裙。独倚玉阑无语，点檀唇”，写的是一个穿着蓝衫黄裙的女子独自一人靠在玉栏边，用香墨描弄弯眉，用一点胭脂涂腮，再用芳香的口脂点唇。由此可见，相比于唐代的盛装与浓妆，淡、薄、轻是宋代女性化妆的特点。宋人赵长卿也有类似的诗词“宝奁常见晓妆时，面药香融傅口脂，扰扰亲曾撩绿鬓，纤纤巧与画新眉”，也是对美丽女子早晨化香妆的刻画。唐宋以后文人作品中对香妆的描写还有许多，例如，“点胭脂，蔷薇柔水麝分脐”“何事酒乾衔不放，杯香暗送口脂来”“灯前印口脂，镜里留眉黛”。元代有一首作品相当有意思，是对“颉利可汗”的描写，将大漠中的毡帐、弓箭、口脂面药和美丽的宫廷女子联系在一起，“可汗毡帐卓平沙，寒入强弓力倍加，坐听唐家第三主，口脂面药醉宫花”。从中国整个化妆历程来看，我们的女性先民是“妆饰欲红则涂朱，欲白则傅粉”。明清以后香妆品开始平民化，不再是某一特定阶层的专用物，女子似乎普遍美起来。

2. 独具特色的中国古代医学芳香美容

中国古代美容化妆往往与中医学联系紧密，古人用的化妆品大部分是由中草药制成，治疗古人损美性疾病的药物也多是中草药，而这些中草药大部分都具有芳香化瘀、芳香润肤、芳香活血、芳香开窍、芳香祛斑、芳香祛痘、芳香美白等作用。在此我们将这些用芳香中草药进行美容的行为，称为中医芳香美容。甲骨文中也已有“疥”“癣”“疣”等损美性疾病的记载。《黄帝内经》中阴阳、五行、脏象、经络、形神学说为中医学奠定了理论基础，也为中医美容的内调、外治、针灸、推拿、气功等方法提供了理论依据。《内经》以阴阳五行为纲，根据中国古人的特征，提出阴阳25种人的体质学说、五色诊病法和骨度法等具有东方特色的中医人体审美标准。著名的《神农本草经》中载有上中下三品共计365种中药。上品120种是具有滋补强壮、延年益寿作用的药物，是美容驻颜首选药。中品和下品中也有许多用于美容的药物。全书共有160余种药物与美容保健有关，为中医中药、食疗药膳治疗和预防损美性疾病奠定了基础。

汉代马王堆出土医书中关于美容保健和治疗的内容十分丰富，书中记载的损容性疾病有：黧黑斑、疣、漆疮、白癜风、痤疮、体气、瘢痕、各种疮等。治疗方法有内服、外敷、食疗等。书中指出养生的重点在于强壮身体，美颜泽肤。其中《十问》有：“民何失而颜色粗黧，黑而苍？民何得而腠理靡曼，鲜白有光？”等都是关于皮肤美容保健的探讨。《五十二病方》的内容十分丰富，其中预防和治疗瘢痕的方剂有6个。随之出土的香囊中有鸡舌香、藁本、桂、高良姜等可用于医疗的芳香料。东汉张仲景的《伤寒论》提出了包括理法方药在内的辨证论治原则，奠定了中医辨证论治的基础，为中医学方药发展作出了贡献。人体因病而致容貌肤色改变在《伤寒论》中有提及。同时该书提出的辨证论治原则，是中医美容学理论的重要组成部分。如：对熏黑斑各种症型的有关论述，为后世治疗损美性疾病提供了思路，具有启示作用。倡导养生长寿、美容驻颜是汉魏时期上层社会的风气，出现了一批“气盛体轻，颜色殊丽”“年且百岁而貌有壮容”的养生学家，如皇甫隆、玉真、寇谦、华佗、嵇康等。“漆叶青黏散”为三国时期著名医学家华佗所制后，服用可以利五脏、轻体、使人头不白。美容的基础是健康，中医美容在历史发展中形成的突出特点，即为追求容貌形神完美统一。

古代美容与医药密不可分，熟悉各种香料性质的医家往往就是美容师。晋人郭璞撰《山海经》中有146种药物，12种与美容有关。晋代葛洪还主张通过内修和外养两方面达到延年益寿的目的，对中医美容和化妆品有重要贡献，有些补虚养生丹药一直流传至今。他的《肘后备急方》外发病一卷中记载了十多种损美性疾病的治疗方法，并集中论述了粉刺、酒渣鼻、面色黑、体气等病的治疗和保健方药，是中医著作中最早的美容专篇。例如，《肘后备急方》记载的用于洁身香体的“荜豆香藻法”，其方用“荜豆一升，白附、川芎、白芍药、水栝蒌、当陆、桃仁、冬瓜仁各二两，捣细过筛，和匀。先用水将脸、手洗净，然后敷药涂抹药粉”。用香料调配的

“护手霜”在此时也已经出现，葛洪的“作手脂法”，大概是中国古代最早的护手霜制作方法，即用“猪胰一具，白芷、桃仁（碎）各一两，辛夷各二分，冬瓜仁二分，细辛半分，黄瓜、栝蒌仁各三分，以油一大升，煮白芷等二三沸，去滓，挼猪胰取尽，乃内冬瓜桃仁末，合和之，膏成”，用此香膏涂手掌，可令手光滑。衣裳芳菲、吐气如兰在当时的士大夫阶层中颇为流行，用香料熏衣、服食香丸成为上流社会日常起居生活中必不可少的部分，“熏衣香方”“令人香方”随之出现。《肘后备急方》记载的用沉香、麝香、苏合香、白胶香、丁香、藿香组成的“六味熏衣香方”较受欢迎，其制作方法是：沉香一片，麝香一两，苏合香（蜜涂微火炙，少令变色），白胶香一两。捣沉香令破如大豆粒，丁香一两，亦别捣，令作三两段，捣余香讫，蜜和为炷，烧之。若熏衣，着半两许，又藿香一两，佳。而该文献记载的“令人香方”至今还为世人所称道，即用白芷、熏草、杜若、杜衡、藁本分等，蜜丸为丸，早服三丸，晚服四丸，二十天后浑身上下都有香味，据称非常灵验。

唐代著名医家孙思邈的《备急千金要方》共三十卷，收录唐代以前香方 81 首，其中从卷十五至卷二十一专有治七窍病方，具体说来有：香膏治鼻塞、治口中臭、治面上皴黑、身体臭令香、七孔臭令香、裹衣香、熏衣香、洗手面令白净、悦泽澡豆、面膏去风寒，令人面光悦、却老、去皱等内容。这些香方基本是由香料（药）组成，其中内服的香体方就有 19 首。例如，“治身体臭，令香方”，用甘子皮、白芷各一两半，瓜子仁二两，藁本、当归、细辛、桂心各一两，上七味，治下筛，酒服方寸匕，一日服三次，五天可令口香，二十一天后可令身香；“治七孔臭气，皆令香方”，用沉香五两，藁本三两，白瓜瓣半升，丁香五合，甘草、当归、川芎、麝香各二两，此八味研为末，用蜜调为丸如小豆大，饭后服五丸，一日三次，久服可令举身皆香。可见此时的医家不仅主张外敷、外涂、外洗，还提倡内服香丸或香散，达到外治内调双管齐下的目的。在他的《千金翼方》卷五中，也收集美容诸方 80 多首，妇人面药内用者 14 首，外用面脂、悦泽、面药、白膏、涂面、灭瘢、令面生光、澡豆等 25 首，应用药物 125 种，植物药 76 种，其中含挥发油成分的芳香植物有细辛、白芷、白附子、沉香、川芎、丁香、当归、藁本、龙脑香等。这些香料（药），既有令人愉快的芳香气味，还含有营养肌肤的成分，对现代美容具有重要的参考价值。

该时期医家王焘对中医美容方法进一步整理充实，他的《外台秘要》共四十卷，养颜悦色、祛斑洁面、润肤增香、乌发生须、固齿健身、延年益寿等方剂尽数收入，全书共收 430 首配方。在美容卷中，对面脂、头膏、衣香、治腋臭、除口臭、令人体香等方面都有香方。其中卷二十三中的治腋臭方有 37 首，令人体香方 4 首；卷三十二中，面膏面脂、面色悦方有18首，生发、治发不生方有26首。文献所载的口脂（相当于现代口红）已有朱色、紫色、肉色之分，其成分有蜡、羊脂、香料、色素等天然成分。该文献是中国现存最早的中医芳香美容专卷，所有香方都离不开带有辛味的具有祛风、除湿、活血、化瘀功能的香料（药），如白芷、防风、细辛、当归、生姜、丁香、龙脑、藿香、零陵香等。该书还收录有唐代初期张文仲、许仁则等当时宫廷御医和名医的大量养生保健护肤方法，使许多古代珍贵的宫廷医药文献和方剂得以保存下来。

元代许国桢的《御药院方》记录了千余首宋金元三代宫廷秘方。其中美容方有180余首，内容涉及洗面、润肤、驻颜、防皱、祛斑、润唇、轻身、洁齿、固齿、明目、乌发等。最有代表性的是书中出现了一套洗面、摩面、涂面三方联合应用的祛皱护肤法。这种护肤法在当时已具有相当高的水平。书中记载的御前洗面药、皇后洗面药、乌云膏、玉容膏、冬瓜洗面药、乌鬓借春散、洗发菊花散、肥皂方等均有实用价值，对现代香妆业的发展具有借鉴作用。

李时珍博览800多种文献，历时27年，三易其稿，写成《本草纲目》一书。明代以前的香料、香妆、美容、芳香几乎都在《本草纲目》中得到总结与归纳，《本草纲目》是中国古代医学美容的大成之作，该文献共52卷，载有1 892种药物，其中第14卷草部之三芳香类载56种，第34卷木部载香木类35种，另外在其他卷中还载有柑橘、柠檬、佛手、玳玳等含有挥发油成分的植物类香料信息，这些植物香料种类不少于150种，将我国16世纪以前传统的芳香植物以及外来香料尽收其中，从医学角度研究天然香料。

《本草纲目》集各家所长，列入用于美容、香身、美发、乌发、生发、祛痣、祛斑、去黝泽、除口臭、治狐臭、润肌肤、白肤色、面脂、口脂、熏衣的药物270多种，内服剂型10多种，外用熏、洗、敷的膏散剂近30种。对美容有特别效果的白芷、香附、零陵香、龙脑香、辛夷、当归、细辛、藁本、豆蔻、生姜等都有详细介绍。

《圣济总录纂要》是清代介绍医学芳香美容最全面的文献，在《面体门》中提到，白芷膏方治面皯皰，涂面光白；丁沉丸方治七窍臭气；辛夷膏方、当归膏方治面上瘢痕。另外在该卷中还有治心虚寒、口臭、虫蚀齿痛的菖蒲散方；治心脾蕴热随气上熏发为口臭的草豆蔻丸。

（二）香料与饮食

3 600多年前，商代宰相伊尹已总结出五味调和之事，必以甘酸苦辛咸，先后多少，其齐甚微，皆有自起。鼎中之变，精妙微纤，口弗能言，志弗能喻，且能做到“久

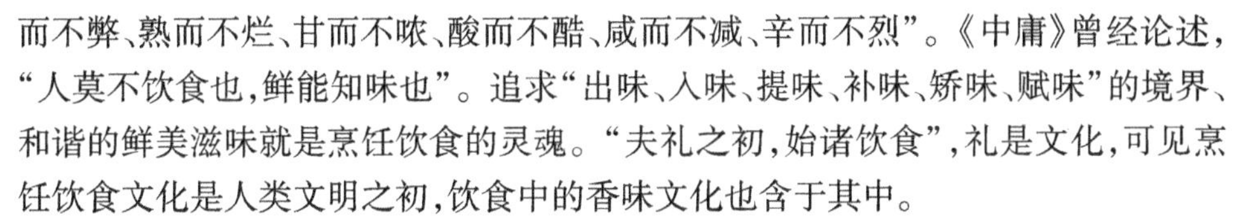

而不弊、熟而不烂、甘而不哝、酸而不酷、咸而不减、辛而不烈”。《中庸》曾经论述，“人莫不饮食也，鲜能知味也”。追求“出味、入味、提味、补味、矫味、赋味”的境界、和谐的鲜美滋味就是烹饪饮食的灵魂。“夫礼之初，始诸饮食”，礼是文化，可见烹饪饮食文化是人类文明之初，饮食中的香味文化也含于其中。

香花、香草因其气味芳香而受到先民们的注意，先民们在日常生活中留意这些芳香植物的功能与生长状况，发现了许多具有温中理气、活血化瘀、祛风除湿、发散清热等功能对人体有益的芳香植物。茴香、芫荽、花椒、豆蔻、茉莉、山柰、桂花等近百种香料都可用于饮食调味，三代时期（夏商周）的人们就已学会用香料调味增香，为烹饪调味、熏制香茶、酿制香酒等食物加工提供了丰富的芳香原料，其历史事实和科学道理值得我们认真总结。目前，学者们在该领域的研究多侧重于介绍某一种芳香植物的利用情况，从宏观角度介绍芳香植物加工与利用的研究报告还不多见。

1. 香辛蔬菜与芳香花果的加工食用

韭、葱、椒、芫荽、姜、蒜、芹、蒿等香辛蔬菜与无毒芳香花草经过加工，芳香可口，宜于食用。宋人苏轼诗“先社姜芽肥胜肉”，都是指姜的食用价值。张耒诗“荒园秋露瘦韭叶，色茂春菘甘胜蕨。人言佛见为下箸，芼炙烹羹更滋滑”，则赞美的是韭的香滑可口。王祯曰韭，“凡近城郭园圃之家，可种三十余畦。一月可割两次，所易之物，足供家费。积而计之，一岁可割十次，秋后，可采韭花，以供蔬馔之用。谓之长生韭。”而对于“椒”的认识是：椒，有二，家椒、野椒。出五盆沟。七月间，居人采之腌菜，味同小茴香。

古人还注重蒜的食用，《镇岛县志》载：“蒜苗不甚采食，俟抽条取浸之，用以辟暑。善畜者用糖醋浸之，经年愈妙。”它的功用是“入臭肉掩臭气，夏月食之，解暑辟瘴气，北方食饼肉，不可无此。家有其种，多者收一二顷，以供岁计”。《农桑通诀》称：“泽蒜可以香食，吴人调鼎，率多用此。采苗根作羹，或生腌，或炸熟，油盐调皆可食。李时珍曰：春食苗，夏初食苔，五月食根，秋月收种。北人不可一日无者也。

对于“芹”也多有赞美之词，韩愈有诗曰：“食芹虽云美，献御固已痴。”白居易也有诗称：“饭稻茹芹英”。芹又名水英，生长在南海池泽，二月、三月作英时，可采作菹。“菹”意为“腌菜”。《四明图经》称：“芹，产越中白马山者最香美，土人杂芥为菹，沃以醯酱，味绝美。”这里“杂芥为菹”中的“芥”也是一种可食用的香辛料。《直省志书》提到，邹平县物产：芥，野种，食子，家圃食薹，味辣。《淄川县志》载：芥菜，野种者食子，白者入药，圃种者根叶肥大，皆可食，俗呼辣菜。宋人杨万里有《芥齑》诗“此姜馨辣最佳蔬，孙芥芳辛不让渠”，说的就是姜、芥的香辛功能。贾思勰《齐民要术》中有蒲菹，就是指腌制过的菖蒲，古人称：“生啖之甘脆，又煮以苦酒浸之如食笋法，大美，今吴人以为菹，又以为酢。”“采之初虚软，曝干，方坚实，折之中心色微赤，嚼之辛香少滓。人多植于干燥砂石土中，腊月移之尤易活。”《吕氏春秋》称“文王嗜昌蒲菹”，不仅是老百姓，皇帝也爱吃腌制过的菖蒲。

在古人的生活中还有一种重要香辛蔬菜，那就是“苏”。“苏”有假苏、紫苏、水苏、白苏多种，都可用于饮食。古人对“苏”的利用是：假苏，荆芥也，生汉中川泽，今处处有之。初生香辛可啖，人取作生菜，味辛温无毒。采叶炸食，煮饮亦可。子研汁，煮粥食之皆好，叶可生食，与鱼作羹味佳。采紫苏嫩叶炸熟，换水淘洗净，油盐调食，子可炒食，亦可榨油用。苏颂曰：水苏，处处有之，多生水岸旁，南人多以作菜。

苏轼有诗曰：“碎点青蒿凉饼滑”；黄庭坚也写到：“蒌蒿芽甜草头辣”，都赞美了“蒿”的香美。“蒿”有青蒿、白蒿、蒌蒿多种，不但可以调味，还可作为蔬菜食用。古人称：青蒿，春生苗，叶极细嫩，时人亦取杂诸香菜食之。韩保昇曰：嫩时醋淹为菹，自然香。陆玑诗疏云：凡艾白色为皤，今白蒿先诸草发生，香美可食，生蒸皆宜。

蒌蒿，《大招》云：吴酸蒿蒌，不沾薄只。蒿，一作芼蒌，言吴人善为羹，其菜若蒌，味无沾薄，言其调也。又曰：沾，多汁也。薄，无味也。言吴人工调咸酸，炮蒿蒌以为齑，其味不浓不薄，适甘美也。可见“韭”“蒜”“芹”“蒲”“苏”“蒿”等香辛蔬菜在古人菜谱中角色重要。当然，以上所提香辛蔬菜只是古人菜肴的一部分，还有香椿芽、蓬蒿、艾蒿、白芷、牛膝等香辛蔬菜都可食用。

除了香辛蔬菜，菊花、茉莉、玫瑰等芳香花草经过古人的加工也成为可口的食物。古代饮食类文献中多有相关记载。

甘菊苗：甘菊花、春夏旺苗嫩头，采来汤焯如前法食之。以甘草水和山药粉，拖苗油炸，其香美佳甚。茉莉叶、茉莉花：嫩叶采洗净，同豆腐熬食，绝品。栀子花：采花洗净，水漂去腥，用面入糖盐，作糊，花拖，油炸食。金雀花：春初采花，盐汤焯，可充茶料拌料，亦可供馔。金莲花：夏采浮水面叶梗，汤焯，姜、醋、油拌食之。芙蓉花：采花，去心蒂，滚汤泡一两次，同豆腐少加胡椒，红白可爱。丹桂花：采花洒，以甘草水和米舂粉作糕，清香满颊。栀子花：采半开花，矾水灼过，入细葱丝、大小茴香、花椒、红曲，黄米饭，研烂，同盐拌匀，腌压半日食之。用矾灼过，用蜜煎之，其味亦美。玉簪花：采半开蕊，分作二片或四片，拖面煎食。若少加盐、白糖，入面调匀

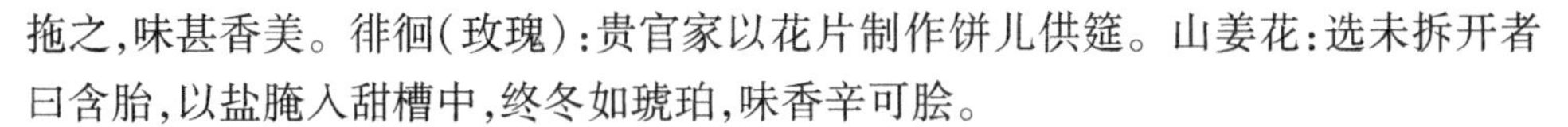

拖之，味甚香美。徘徊(玫瑰)：贵官家以花片制作饼儿供筵。山姜花：选未拆开者曰含胎，以盐腌入甜槽中，终冬如琥珀，味香辛可脍。

柑橘等香果除了直接剥皮食用，还有其他食用方式，如制为“蜜饯”。橙，味明朝《乌程县志》称：“味酸、极香，用糖制成小饼，或用盐配桂花入茶，香橼亦可切片糖制”，这里用糖盐相制的香物就是“蜜饯”。

2. 香料与烹饪调味

我国的香食文化源远流长，香羹、香饮、香膳从上古延续至今。姜、甘草、茴香、桂花、茱萸、白芷、花椒、木香、砂仁、豆蔻、草果、胡椒、芫荽等芳香植物在食物的调味增香中多有运用。作为去腥解毒、增进食欲、增加食物清香的调料，人们将芳香植物利用到酱、卤、烧、炖、煮、蒸、煎、汆等烹饪方法中。例如，“艾木，大抵茱萸类也。实正绿，味辛。蜀人每进羹臛，以二三粒投之，少顷(须臾)，香满盂盏，或曰：作为膏尤良。绿实若萸，味辛香苾。投粒羹臛，椒桂之匹”“蒟，出渝、泸、茂、威等州，缘木而蔓，子熟时外黑中白，长三四寸，以蜜藏而食之，辛香，能温五藏。或用：作酱，善和食味。或言即南方所谓浮留藤，取叶合槟榔食之。蔓附木生，实若葚累。或曰：浮留，南人谓之。和以为酱，五味告宜”“芎，蜀中处处有之，叶为蘼芜，楚辞谓江蓠者，根为穹，似雀脑者善。人多莳于园槛，叶落时可用作羹。蜀少寒，茎叶不萎”。桂花糖、桂花蜜、桂花糕、桂花元宵、桂花酱、梅花粥、梅花脯、雪霞羹、蟹酿橙、暗香粥、苍耳饭、木香粥等芳香食物都是中国古人的发明创造。

从文献记载来看，神农时期芳香料已被运用到调味增香中，此时椒桂等芳香植物已被利用。到春秋战国时期之前，人们利用较多的还是椒桂。战国以后，随着园圃业的发展以及人们对芳香调料认识的增加，香料品种逐渐丰富。《周礼》《礼记》中记载这个时期可用于蔬菜与调味的芳香植物有：芥、葱、荻、蓼、姜、蒜、梅等；专用于调味的辛辣芳香料主要有花椒、桂皮、生姜、罗、襄荷、葱、芥、蓼、茱萸等。西周时期的《诗经》较全面的反映当时人们起居生活情况，花椒、甘草、茜草、香附子、青蒿、香蒿、泽兰、韭、芹、芥等近六十种芳香植物的生长、采集与利用状况在该书中都有记载，当时人们多数是直接食用这些芳香植物的。这一时期所用香料都是中国原生的本土香料。

汉至南北朝之间，陆上丝绸之路开通的同时，域外食用香料与饮食文化也传入中国。调味香料品种丰富起来，除了本土香料，马芹(孜然)、胡芹、胡荽、革拨、胡椒等域外调味香料也多有利用。《齐民要术》中记载制作“五味脯”“胡炮肉”“鱷鱼汤”等食物时，均用到本土与域外香料进行调味增香。在此期间，调味香料的地方特色也非常明显。左思《蜀都赋》中提到:“蜀地自古生产辛姜、菌桂、丹椒、茱萸、筠酱,所制作的菜肴以麻辣、辛香为特色。”据此可知,当时因各地生产香料不同,各地食物风味已具有明显的地方特色,不同菜系的雏形在此时已经形成。

唐宋以后,中外交流活跃,东南及西南各国基本与中国建立了邦交关系,各国特产砂仁、茉莉、豆蔻、干姜、丁香等可食用香料通过朝贡或贸易等方式传入中国。相比唐宋之前,此时历史文献在利用香料增香调味方面的记载较丰富。宋人林洪第一次在他的饮食文献《山家清洪》中提到,将剔去花蒂并洒上甘草水的桂花与米粉同蒸,制为被称作“广寒糕”的点心。另外,用梅花与檀香制作的“梅花汤饼”,用苍耳制成的“苍耳饭”,用菊花、香橙与螃蟹一起腌熏制成的“蟹酿橙”,用菖蒲与白术制成的“神仙宝贵饼”,用菊花、甘草汁放入米中制成的“金饭”,用荷花、胡椒、姜与豆腐制成的“雪霞羹”,用莳萝、茴香、姜、椒等制成的“满山香”,以及“梅粥”“木香菜”“蜜渍梅花”“通神饼”“麦门冬煎”“梅花脯”“牡丹生菜”“菊苗煎”等香花、香草食物的制作与利用在《山家清洪》中都有记载。作为宋代具有代表性的饮食起居类文献,《山家清洪》记载的内容反映了该时期人们的日常生活状况,当时人们食用芳香食物的风气之盛可见一斑。

元代已出现将菜类香料与调味类香料分类记载的文献。《饮食须知》将食用香料分为菜类与味类,菜类包括:韭菜、大蒜、菘、葱、小蒜、水芹、芫荽、芹菜等;味类包括:食茱萸、菽、胡椒、八角茴香、小茴香、莳萝、薄荷、桂皮、草茇、茶、草豆蔻、红豆蔻等。这些食用香料的分类延续至今。

在食物去除腥臊膻气、增加香味的加工过程中,调味香料必不可少。李时珍在《本草纲目》中提到,“食茱萸,味辛而苦。土人八月采,捣滤取汁,入石灰搅成,名曰艾油,亦曰辣米油。味辛辣蜇口,入食物中用”。可见至明朝中期时,食茱萸已成为食物中广泛使用的调味品。《便民图纂》中第一次记载了包括“大料物法”“素食中物料法”“省力物料法”“一了百当”在内的调味香料的调配制作方式。官桂、良姜、豆蔻、陈皮、缩砂仁、八角茴香、川椒、甘草、白檀香、马芹(孜然)、胡椒、干姜等香料在调配这些“物料法”的过程中都有所使用,最后,或制为饼状,或制为丸状,或制为粉末状,或制为膏状,需要用的时候在食物中放入适量的复合调料,即可做成风味多样的食物。该文献还特别提到使用这些调料,“出外尤便,甚便行厨”,可知调味香料在饮食中的利用已很普遍,对当时以及后来饮食业的发展起到很大的推动作用。明代已出现用香花制成的香花酱,与今天的香花蜜饯相似,制法是:桂花、兰花、玫瑰花、蔷薇花、茉莉花、木香花之类,用花瓣心捣糜烂,压去水,蜜和之,

日暴之，加白砂糖复捣之，收入瓷器，常以日暴。

清代以来，香料在调味增香中的利用方式与清代之前大致相同，相关文献多记载对香料功能与利用的总结。《养小录》中有对香花制作与利用最丰富的记载，书中指出，牡丹花瓣，兰花，玉兰花瓣，蜡梅，萱花，茉莉，金雀花，玉簪花，栀子花，白芷等。可制作香茶与香花菜肴，可以生食，也可熟食。清朝夏曾传补著《随园食单补证》中总结出花椒、桂皮、茴香、丁香、砂仁、芥末、胡椒等在烹饪中的调味功能。该文献认为花椒用处最大，是除诸气（腥、臊、膻）之物，素菜中的腌菜也宜用之。同时指出，桂皮、茴香在祛除牛、羊、鹿、兔等动物肉的腥膻气的过程中必不可少，但不可多，用丁香则太烈，砂仁则太香，均不甚宜。因胡椒、丁香、砂仁、花椒、孜然、茴香、姜、蒜、葱、豆蔻、茱萸、白芷、桂皮、草果等香料具有祛味增香、增加食欲等功能，御厨和普通百姓做饭时，都离不开它们。这些从《食经》《食谱》《中馈录》《馔史》《饮膳正要》《云林堂饮食制度集》《醒园录》，及清末民初冲斋居士《越乡中馈录》等各个历史时期的饮食文献中亦可发现。调味香料在我国烹调史上具有重要地位。目前，对于芳香调料在烹饪调味中利用的理论研究还不完善，有待我们作更进一步的探讨。

3. 香料与饮品

（1）香茶

中国本土香花有桂花、兰花、菊花等，上古时期人们对芳香植物有深刻的认识，认为芳香植物不仅气味芳香，而且具有养生健体的功效。人们对芳香植物的利用方式包括制作香茶。茶叶与桂花、兰花、玫瑰、茉莉、沉香等芳香植物一起熏制后冲泡，即可制成芳香可口的香茶或香花茶。例如，“芸香”又称“山矾”，李时珍曰：“山矾生江淮湖蜀野中。树之大者茎高丈许。三月开花，繁白如雪，六出黄蕊，甚芬香，或杂入茗中”，就是认为可将山矾花与茶叶一起熏制。

据文献记载，香茶的兴盛始于宋代，当时《香谱》《香录》等香料文献中多有关于香茶制作的记载。香料文献指出用桂花冲泡为香茶，可使满屋馨香，菊花次之，“二花相为后先，可备四时之用”。此时所用的香料基本是桂花、菊花、梅花、茉莉、龙脑、麝香等芳香料。宋代以后，随着檀香、缩砂、龙脑香等异域香料的传入，可制为香茶的芳香原料丰富起来。《便民图纂》《遵生八笺》《竹屿山房杂部》等明代饮食起居类文献中关于香茶的记载比较丰富。《便民图纂》记载了“法煎香茶”“脑麝香茶”“百花香茶”“天香汤（茶）”“缩砂汤（茶）”“熟梅汤（茶）”“香橙汤（茶）”的制作方法。

熏制香茶的方式主要是用适量的香料与茶叶放在密封的容器中，一般窨三天以上，窨的时间越长，香味越浓。《竹屿山房杂部》载有一则熏香花茶的方法：用好净锡打连盖四层盒子一个，下一层装上号高茶末一半，中一层底透，作数十个箸头大窍，薄纸衬，松装花至一半，盒盖定，纸封缝密。经宿开盒，去旧花，换新花，如此一二次。汤点其香拂鼻可爱，四时中但有香头皆可为之，只要晾干，不可带润，若纸微润，非徒无益，而又害之也。还有一法：用净瓷器将茶末捺实，用箸头签十数窍，每窍安花头一个，如此安满，却以茶末盖之，纸糊封口，待经宿用。此法惟造些少，暂时则可，若多造，被湿气，反害茶香味也。

适合窨制茶叶的香料主要有具备浓厚香味的龙脑、麝香、茉莉、桂花、素馨、玳玳、橘花、玫瑰、辛夷、薄荷等。缩砂汤、熟梅汤、香橙汤中，缩砂、熟梅、香橙是主要香料，香附子、檀香、生姜等香料作为辅料，用特定的方法配制作出的香汤（茶）外观、口感、质量与功能都堪称一绝。

（2）芳香熟水（香汤）

熟水也属于香茶的一种，是芳香料投入沸水中放凉的带香味的凉开水。在一切食品取自天然的古代，古人顺手将栽培于房屋前后或野生于田野路边的芳香植物采摘下来放入开水中以备饮用。薄荷、藿香、扶芳等芳香植物都可作为制作芳香熟水的原料。古人称薄荷是“与薤作齑食，近世治风寒为要药，故人家多莳之，又有胡薄荷……生江浙间，彼人多以作茶饮之，俗呼新罗薄荷。吴、越、川、湖人多以代茶。苏州所莳者，茎小而气芳，江西者稍粗，川蜀者更粗，入药以苏产为胜”；扶芳是“初生缠绕他木，叶圆而厚，夏月取叶火炙香，煮以为饮，色碧绿而香；香橼是“树高实大，类橙，色黄，形圆，而香芬袭人，可捣为汤”；川芎是“关陕、蜀川、江东、山中多有之，而以蜀川者为胜。其苗四、五月生，叶似芹、胡荽、蛇床辈，作丛而茎细，其叶倍香，江东、蜀人采叶作饮”，如此芳香的植物，古人多在园林中栽培，不仅可采叶冲水饮用，而且可在叶落时作囊。实际上芳香熟水的制作方法并非都是这么简单。

很多时候“熟水”与“汤”的概念相似，只是“汤”的制作原料与程序更加复杂，有时是用多种原料相配制成。《遵生八笺》中提到的用桂花制作香汤的方法有两则，比前人直接利用芳香花草冲泡制作香茶的程序复杂。但这种饮品的原料耐贮存，值得后人借鉴。第一则：清晨将盛开带露银桂打下，捣烂为花泥，然后在每一斤被榨干的桂花泥中加一两甘草与盐梅十个，将桂花泥、甘草与盐梅一起捣为香饼，最后用瓷罐封住，需要用的时候在沸汤中加入适量的桂花香饼，即成天香汤。甘草具有润肺作用，加入了甘草的天香汤具有理气润肺的功效。现代利用青梅浆保存桂花技术就是借鉴古人制作"天香汤"的方法。第二则:将烘干的桂花末与干姜末、甘草末拌均匀,加入少量的盐,最后将它们密封在瓷罐中,需要时在汤水中加入适量的香末,即成"桂花汤"。干姜具有活血的功能,所以"桂花汤"对人体具有活血理气的作用。《普济方》中记载的汤茶品种囊括了许多香汤,有御爱灵黍汤、鸡香方、韵梅汤、橙汤、集香汤、清中汤、紫姜汤、温中汤、四顺生姜汤、小煮香汤、醍醐汤、暗香方、檀香汤、煮香汤、金粟汤、粉姜汤、韵姜汤、龙砂汤、荔枝汤、川芎汤、橄榄汤、、湿乌梅荔枝汤、清韵汤、桂花汤、梅花汤、桂浆法、洞庭汤、凤池汤、仙术汤、煎甘草膏子法、近侍汤、八神汤、快气汤、半夏汤、木瓜汤、丁香调气汤、经进过院汤、神仙不老汤、紫苏乌梅汤、和气地黄汤、无尘汤、五味子汤。

在宋代,人们就已经普遍饮用熟水,茶馆中多有熟水提供。田汝成辑著《西湖游览志馀》记载宋时都城中的一茶房,"有一卖熟水人,持两银杯"。周密著《武林旧事》中记载杭州城茶楼提供的熟水有:甘豆汤、椰子酒、豆儿水、鹿梨浆、卤梅水、姜蜜水、木瓜汁、茶水、沉香水、荔枝膏水、苦水、金橘团、雪泡缩皮饮、梅花酒、五苓大顺散、紫苏饮。熟水之所以如此受欢迎,除了解渴,还与其气味芳香、制作简单有关,古代诗词中多有赞美熟水之句,如"新摘柚花熏熟水""熟水无多吃,烹茶未要来,从教十分渴,连扫两三杯""未妨无暑药,熟水紫苏香"。

(3)香露

清代养生著作《养小录》中记载的可以制为香茶的芳香植物品种在当时较全面,指出凡一切有香无毒之花、草、叶都可制为香茶。作者顾仲将可以被制为香茶的香花、香草品种一一罗列出来,其中提到的橘叶、桂叶、紫苏、薄荷、藿香、广皮、香桅皮、佛手柑、玫瑰、茉莉、橘花、香榄花、野蔷薇、木香花、甘菊、菊叶、松毛、柏叶、桂花、梅花、金银花、牡丹花、芍药花、玉兰花、夜合花、栀子花、山矾花、蜡梅花、艾叶、菖蒲、玉簪花等30多种香花、香叶、香草,都可以直接用开水冲泡或与茶叶熏香制为香茶。同时,他指出"凡诸花及诸叶香者,俱可蒸露。入汤代茶,种种益人,入酒增味,调汁制饵,无所不宜"。"蒸露"就是用蒸馏方法提取香露(香精),实际上这种提香技术早在唐宋时期就已出现。据称,杨贵妃醉酒醒后感觉肺热口苦,曾尝试着吸食花露,润肺效果很好。古人多有诗词表达花露的美与好,"领客坐花阴,饮客酌花露""华筵秩秩宴清宵,拊掌歌呼饮兴饶。待得月斜人散后,一杯花露酒初消"。可见花露解酒、解醉、解乏的效果不错,难怪古人多用花露点茶,有诗赞美花露香茶曰:"吹雪磁瓯绝点瑕,新烹异品味尤嘉,山厨漫说玫瑰露,高阁初尝橄榄茶"。在古代香露并不是什么人都能够享用得到的,看了《红楼梦》第三十回就能明白个中缘由。此回中写道：因受贾环挑唆，宝玉挨打后要喝香甜的汤，王夫人见状，叫彩云把她珍藏的两瓶进贡宫廷的香露拿来，吩咐："一碗水里只用挑一茶匙儿，就香得了不得呢"。而这金贵的东西就是螺丝银盖下只有三寸大小的两个玻璃小瓶，标志着皇家用品的鹅黄笺上各写着"木樨清露"和"玫瑰清露"，宝玉品尝后觉得"香妙非常"，而得了热病的柳五儿的舅表兄弟喝了用此香露调的凉水后马上"头目清凉"（第六十回）。"木樨清露"和"玫瑰清露"在清代是江南贡品，故称"上用"，通俗点说就是进贡给皇宫中人用的礼品。《李煦奏折》第十二《进果酒单》内就有"桂花露汁一箱、玫瑰露汁一箱"的记载。

迄今为止，人们发现利用芳香植物最简单、最普遍的方式还是冲泡成花草香茶。现代研究表明，茉莉、玫瑰、桂花、薰衣草、锦葵、柠檬、马鞭草、迷迭香等可制为香茶的芳香花草拥有丰富的香味，含有芳香油、单宁、维生素、矿物质、类黄酮、苦味素、苷、生物硅等对人体有益的成分。饮用香茶能缓解压力、帮助睡眠、提升精神、帮助消化、美容养颜、增强免疫力。长期饮用能调节生理机能，能从根本上改善易患感冒以及患慢性疾病的人的体质，而且绝大多数无副作用。香茶是中国茶文化的重要组成部分，其诱人的香味与养生功能使其盛行至今。

（4）香酒

香花、香草因其气味芳香而受到先民们的注意，先民们在日常生活中就留意这些芳香植物的功能与生长状况，从而有了"神农尝百草，一日而遇七十毒"这一神话传说。在这样的实践过程中，先民们发现了许多无毒并且具有温中理气、活血化瘀、祛风除湿、发散清热等功能对人体有益的芳香植物，为古人制作香酒提供了不少的芳香原料。

中国利用香料酿酒的历史可以远溯至夏商时期。中国酿酒历史悠久，从历史文献记载与出土的文物证明，早在4 000多年前的夏朝，我国先民就已掌握酿酒技术。先民们在掌握酿酒技术的同时，还学会了利用芳香植物制作香酒，他们发现香酒不仅气味芳香，而且对人体有益。随着农业耕作技术的提高，可用于酿酒的剩余粮食增多，酿酒业发展起来。《尚书·商书·说命》中提到的用蘖（麦芽）做成的甜酒叫醴，用秬（黑黍）和郁金做成的香酒叫鬯，这是我国关于香酒制作的最早记载。"鬯"是由郁金（一种可以食用的芳香植物）与黑黍酿造而成的一种色黄而香的酒，该酒是商周时期用作敬神和赏赐的珍品。后来人们一直将郁金称为"鬯草"，意为制作香酒的草，而酿酒的人则被称为"鬯人"。由此可知商周时期先民们已学会制作香酒，当时的酿酒业已较发达，而且对后世酒的酿造影响颇深，我们从李白的《留

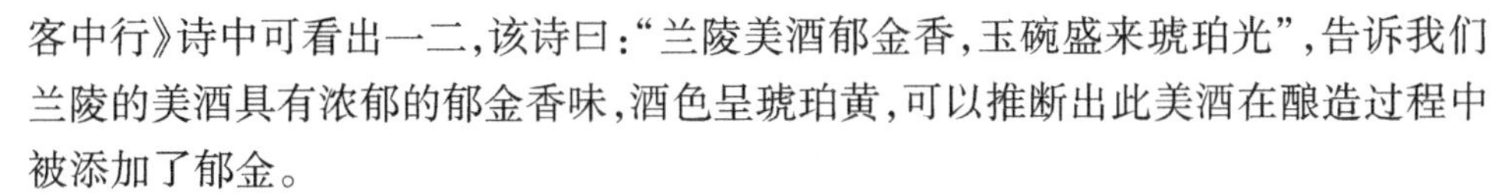

客中行》诗中可看出一二，该诗曰："兰陵美酒郁金香，玉碗盛来琥珀光"，告诉我们兰陵的美酒具有浓郁的郁金香味，酒色呈琥珀黄，可以推断出此美酒在酿造过程中被添加了郁金。

随着人们对芳香植物认识的增加，除了郁金，桂、白芷、菖蒲、菊花、花椒等芳香植物也逐渐被古人用来制作香酒。《楚辞·九歌》中"蕙肴蒸兮兰藉，奠桂酒兮椒浆"，可知战国时期之前，先民们造酒皆用郁金、椒、桂，而且已精通浸制桂酒技术。《汉书》中更有"牲茧栗，粢盛香，尊桂酒，宾八乡"的记载，说明桂酒已成为当时祭祀与款待宾客的美酒。腊日饮椒(花椒)酒、农历九月初九饮菊花酒的习俗在汉代已形成。随着人们对香料认识的增加，以及养生意识的提高，对人体有益的香料都逐渐被利用到酒的加工过程。北魏贾思勰《齐民要术》记载的"作粱米酒法""作灵酒法""作和酒法"中，都利用到了姜辛、桂辣、荷、胡椒、干姜、鸡舌香、革拨等香料。晋代张华《博物志》记载的"胡椒酒法"中，利用到了具有温里活血作用的干姜与胡椒，为了使该酒品尝起来香甜可口，还特别加入了番石榴汁，张华认为这就是胡人的"革拨酒"。

魏晋南北朝以后，酿酒技术又有了进一步的提高，这主要体现在"曲"的加工与利用方面。古人为了使酿出的酒口感更加香醇，尝试着在曲中添加桑叶、苍耳、艾、茱萸等香料制作出"香曲"，不仅促进了曲中霉菌的生长，加快了酿造速度，而且用该方法酿造出的香酒有特殊的风味。对于"香曲"的制作，值得一提的是晋代嵇含《南方草木状》中提到的"草曲(香曲)"的制作方法："杵米粉杂以众草叶，冶葛汁，涤溲之，大如卵，置蓬蒿中荫蔽之，经月而成，用以合糯为酒……"这是当时中国南方特有的一种制曲方法，该"草曲"的制作方法，是"香曲"制作的雏形。

宋代以后，中外交流加强，从域外传入大量的香料，豆蔻、良姜、砂仁、木香、乳香等域外香料开始走进普通百姓的生活。同时，由于酿造技术的提高、制作香酒方法的多样，制作香酒的香料以及香酒的品种不再像宋代之前那么单一。宋代朱肱在《酒经》中承袭了嵇含制作"草曲"的思想，开拓性的记载了用香料制作香泉曲、香桂曲、瑶泉曲、金波曲、滑台曲、豆花曲、小酒曲等芳香酒曲的方法。

(三)香料与医药保健

1. 中国古代香药利用的历史沿革

植物香料不仅是宗教祭祀、熏香美容用品，还具有医药保健的功能，在医药史上被称为香药。香药是中药里具有芳香气味的一类药物。临床常用的主要有乳香、沉香、苏合香、檀香、白芷、陈皮、丁香、木香、当归等。多数本草类书籍根据功能常将其分类于芳香化湿、活血行气、醒神开窍等类药物中。

上古时期，先民在顺应自然、改造自然的活动中，难免会身患疾病或遭受创伤，他们观其形、闻其气、尝其味，在实践过程中，逐渐认识到自然界中一些芳香植物的医药保健作用，这些具有医药功能的芳香植物就是香药。香药以其令人愉快的气味为先民所喜欢，又因其独特的药用效果为先民所利用，古代医家甚至把香药专门划为一个门类列入著作当中，成为先民最早认识并广泛用之于临床的中药。本节就植物香料在中国古代医药保健中的利用进行探讨。

先秦时期，香药被广泛利用。《周易》载有白茅、兰香；《管子》载有大椒、檀、白芷、蘼芜、香椒；《山海经》载药353种，其中香药有杜衡、薰草、苏叶、艾、佩兰、白芷、芎、秦艽、桂、檀等。《诗经》与《楚辞》是这一时期涉论香药最丰富的著作。《诗经》是我国最早的一部诗歌总集，是上古社会生活的写实。据统计，《诗经》共载录植物178种，其中芳香类植物有苓（甘草）、蒿（香蒿）、萧（艾蒿）、蕑（泽兰）、舜（木槿）、椒（花椒）、苕（凌霄花）、艾、韭、芹、柏、芍药、芸香、扶苏、檀等。在《诗经》的记载中，先人在路边、山涧、原野采集香药，当时的妙龄男女就已懂得用香花、香草或香果相赠，用以寄托相思，表达相爱。而战国时期屈原对香药的了解与利用显然比《诗经》时代的先民更充分，代表了战国时期人们对香药（料）认识的最高水平。据《离骚草木疏》注，诗中共载有草木55种，其中芳香类草木44种，涉及松、柏、芝兰、杜兰、艾、茅等。屈原最早提出用芳香药物作为沐浴剂，《九歌·云中君》载："浴兰汤兮沐芳，华采衣兮若英"。同时，屈原还将香料植物的利用上升到药用的高度，《九歌·湘夫人》云："荪壁兮紫坛，播芳椒兮成堂，桂栋兮兰橑，辛夷楣兮药房。"其意为荪草墙壁、紫贝砌成的庭院，可以避风除湿；用椒泥涂饰墙壁，可以取暖；桂木做屋梁，可以避秽；辛夷做成的屋檐和门梁，可以疏风散寒。文笔看似夸张，但细究起来还有一定的医学道理。

两汉三国时期，古人承袭先秦时期用香药的经验，更加了解各类香药性质与配制方法，相传华佗的麻沸散，就是用香药配制的麻醉剂。《补后汉书艺文志》与《墨庄漫录》里均记载有郑玄的《汉宫香方注》。既然有了郑玄的《汉宫香方注》，说明香方的运用在汉代宫廷已相当普遍。1973年湖南长沙马王堆出土的汉代长沙国丞相轪侯利苍之妻辛追（去世年间约为公元前165—前145年）墓的陪葬品相当丰富，包括香药、香炉和香囊。经鉴定香囊中装的是辛夷、肉桂、花椒、茅香、佩兰、桂皮、姜、酸枣粒、高良姜、藁本等香药，是迄今保存最完好的一批古代芳香植物标本。而香炉中的残渣则是茅香、高良姜、竹叶椒，均为《神农本草经》中没有记载过的香

药。随之出土的文物还有秦汉古医籍《五十二病方》《杂疗方》《却谷食气》《养生方》等十一种古医帛书、竹简，是我国已发现最古老的医药方书，单《五十二病方》收入医方总数283个，载药248种。另从出土的香囊、绢袋、绣花枕、香炉、香药来看，此时人们已重视并应用“衣冠疗法”和“芳香疗法”。《神农本草经》成书年代为汉武帝太初元年（公元前104年），是我国最早的药物学专著，载药365种，其中芳香类药物有：上品菖蒲、细辛、杜若、兰草、香蒲、蘼芜、术、甘草、白蒿、卷柏、牡桂、菌桂、木香、香蒲、松脂、辛夷、木兰、橘柚；中品干姜、当归、葱实、白实、藁本、泽兰、牡丹、栀子、枳实、合欢、菽、木苏、秦椒；下品附子、桔梗、芹、蜀椒。《伤寒论》和《金匮要略》载录芳香类植物有：桂枝、生姜、干姜、细辛、葱实、蜀椒、当归、艾等。

魏晋南北朝时期是我国香药发展史上的一个转折时期，这期间士大夫阶层服食寒食散、五食散成风，香药利用由高潮走向低潮，过后又由低潮向高潮方向发展。《宋书·谢灵运传》载：“摭曾岭之细辛，拔幽涧之溪菰”；《南齐书·东昏侯本纪》载“麝香涂壁”。此时，异域经常进贡郁金、苏合香、沉香、熏陆、青木香、香附子、白真檀、阿薛那香等香药，《神农本草经》和《名医别录》两书收录当时海内外香药就有30多种。

隋唐五代是中国古代香药应用的鼎盛时期，据《新唐书》和《旧唐书》记载，唐代时域外香药进贡有120多次，约30多个品种，此时香药被广泛运用于各个领域。除了治病救人，尤其值得一提的是，香药在唐代还被用于男女美容。据考证，唐代芳香美容之风起于贞观年间（627—649年），直到元和后期（806年—820年）才有所收敛，该风气先后延续了100多年。

《新修本草》《备急千金要方》《千金翼方》《外台秘要》等本草与医方著作，记载了几十味芳香本草及其组方，现代常用的香药本草，唐代医家文献基本有记录。

宋元时期，由于海上丝绸之路的发展，大量香药从域外传入中国，当时泉州港每年香药的进口量在10万公斤以上。20世纪70年代，从泉州古港打捞上来的一艘宋代沉船中所载香药近2 000公斤。《宋史》记载各州府盛产与进贡香药约30余种。到了元代，由于版图扩大到与波斯接壤的地区，香药从西北陆路进口的数量成倍增长。同时，因印刷术的进步，两宋以来许多医药著作不断付梓发行，其中《重修政和证类本草》《太平圣惠方》《圣济总录》等载录了大量香药与香类医方。当时的常用香药，在这些著作中均有收录。

明清时期，中外科技文化交流扩大，西方的医学、天文学、数学相继传入中国。尤其是郑和七下西洋，将中国丝绸、茶叶、陶瓷带到盛产香料（药）的南亚、西亚，甚至是前人少有涉足的非洲，又将当地的香药带回国内，促进了香药的广泛运用，香药利用技术日渐成熟。在此期间，温病学迅速发展，砂仁、白豆蔻等芳香化湿药大量用于临床，这与香药的推广关系密切。纵观我国医药学史，唐代以前，香药稀少而珍贵，从汉代至唐代主要局限在宫廷和士大夫阶层使用，甚至还会出现有价无市的现象。宋代以后，香药大量传入，特别是明清时期香药才在民间得到广泛应用。当然，海内外的香药客商、西方传教士在香药的民间推广应用中也起到积极的作用。在明清时期的本草与医方文献中，《本草纲目》和《植物名实图考》两本书是记载香药本草最全面的著作。

《本草纲目》载1 892种药，其中芳香类药物有100多种，现代常用香药基本囊括在内。《植物名实图考》共分12类，其中第八类为芳草类，载录了几十种芳香类本草植物。由于明清两代本草类著作有100多部，或多或少都有香药收录，此处不再赘述。

2. 古人对香药的临床利用

古往今来，香药的单方、验方、秘方和以香药为主药的方剂可达一万多条，在临床各科得到普遍运用。解表、化湿、开窍是香药最主要的三大功效。解表有桂枝汤、薄荷散等以薄荷、桂枝、白芷等为主药的解表剂；化湿有藿香正气散、平胃散等以藿香、豆蔻、砂仁等为主药的化湿剂；开窍有安宫牛黄丸、至宝丹、紫雪丹、苏合香丸等以麝香、沉香、苏合香等为主药的开窍剂。此外，一些香药单方也被广泛利用，洋金花用于麻醉、仙鹤草用于止血、胡椒用于温里、木香用于理气、香薷用于解暑。但香药多为辛窜之品，必须中病即止，否则有伤身损体之虞，可见中国古代香药医术非常成熟。

同时，中药学的发展是一个不断吸收外来药物精华的过程，香药在中医药学中扮演的角色不可缺少，对此，各个历史时期本草类医药文献都有所反映。早在成书于东汉的《神农本草经》中就有外来香药肉豆蔻的记载，到梁代陶弘景《名医别录》中，香药种类又有所增加：苏合香，味甘，温，无毒，主辟恶、温疟、痫痓，去浊、除邪，令人无梦魇；沉香，疗风水毒肿，去恶气；薰陆香，微温，治风水毒肿，去恶气；龙脑香，治妇人难产；等等。唐代官修医药文献《新修本草》较《神农本草经》增加药物479种，其中外来香药有三十种左右，分别为麒麟竭、密陀僧、珊瑚、胡桐泪、确香子、木香、阿魏、沉香、苏合香、安息香、龙脑香、诃黎勒、苏方木、紫真檀、胡椒、无食子、底野迦、甲香、石蜜、苜蓿、安石榴。五代李珣《海药本草》记载了包括青木香、阿魏、草茇、肉豆蔻、荜澄茄、红豆蔻、艾纳香、丁香在内的96种产于海外的香药，并

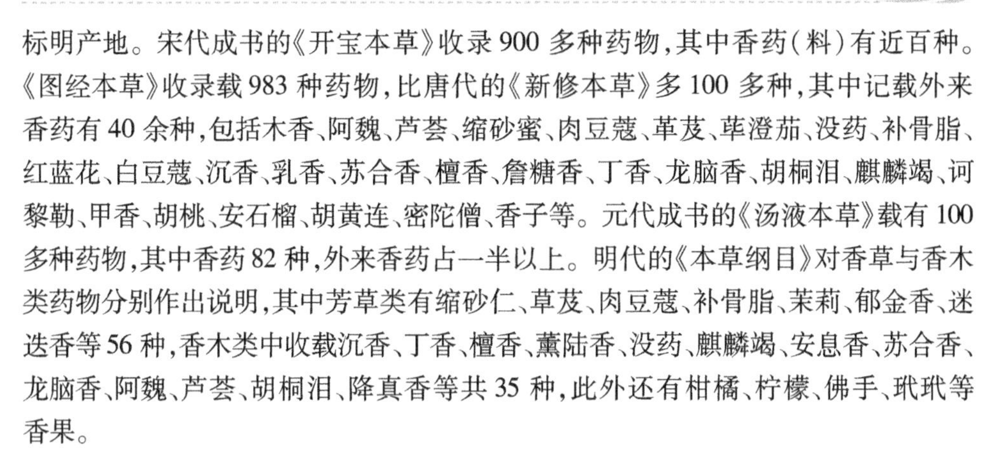

标明产地。宋代成书的《开宝本草》收录900多种药物，其中香药（料）有近百种。《图经本草》收录载983种药物，比唐代的《新修本草》多100多种，其中记载外来香药有40余种，包括木香、阿魏、芦荟、缩砂蜜、肉豆蔻、革茇、荜澄茄、没药、补骨脂、红蓝花、白豆蔻、沉香、乳香、苏合香、檀香、詹糖香、丁香、龙脑香、胡桐泪、麒麟竭、诃黎勒、甲香、胡桃、安石榴、胡黄连、密陀僧、香子等。元代成书的《汤液本草》载有100多种药物，其中香药82种，外来香药占一半以上。明代的《本草纲目》对香草与香木类药物分别作出说明，其中芳草类有缩砂仁、草茇、肉豆蔻、补骨脂、茉莉、郁金香、迷迭香等56种，香木类中收载沉香、丁香、檀香、薰陆香、没药、麒麟竭、安息香、苏合香、龙脑香、阿魏、芦荟、胡桐泪、降真香等共35种，此外还有柑橘、柠檬、佛手、玳玳等香果。

值得注意的是，对香药的研究引起了本草学家对气与性的思考。寇宗奭在《本草衍义》中提出，《内经》称四气五味，其气应是指香臭臊腥之气，而性当是药之寒热温凉。此气、性之辨有助于中药学的研究，对后世有一定影响。经过长期临床医疗实践，香药在古代妇科、五官科、内科、儿科等各个科门中临床应用非常普遍，古人利用香药在治疗心脏病、肾脏病、肝病、肺病、消化道疾病、皮肤病等方面取得的成果显著。晋代葛洪《肘后备急方》收录的“五香连翘汤”，用木香、沉香、鸡舌香、麝香、甘草等香药制成，治疗“恶肉、恶脉、恶核、瘑制、风结、肿气痛”。

唐代对外交流繁荣，相比前代，医疗技术有了新的发展，出现了孙思邈等擅用香药的医家。孙思邈《备急千金要方》收录的香方有：由青木香、麝香、鸡舌香、薰陆香、沉香、防风、升麻、黄芩、白蔹、枳实等香药组成“治小儿著风热，瘖痒搔之皮剥汁出，或遍身，头面年年常发者”的“五香枳实汤”；由青木香、藿香、薰陆香、沉香、丁香组成治疗“热毒气，卒肿痛，结作核，或似痈疖而非，使人头痛，寒热气急者”的“五香汤”。王焘《外台秘要》记载的香方也有很多：由青木香、犀角屑、升麻、羚羊角屑、黄芩、栀子仁、沉香、丁香、薰陆香、麝香组成治“瘟疫、恶气、热毒”的“五香丸”；由吃力迦（白术）、光明砂、麝香、诃黎勒皮、香附子、沉香、青木香、丁子香、安息香、白檀香、荜拨、薰陆香、苏合香、龙脑香组成的“吃力迦丸”；由沉香、薰陆香、麝香、青木香、鸡舌香组成治疗“诸恶气，喉肿结核”的“五香汤”。

宋代外来香药大量传入中国，古人对香药药性功效认识逐渐成熟，自此医籍中香药方剂的记载量随之增多。宋代王怀隐《太平圣惠方》中有120首以香药命名的方剂，如乳香丸、沉香散、木香散、沉香丸等，以香药命名的医方仅在48卷的《诸心痛门》中就有沉香散3首，沉香丸1首，木香散6首，木香丸6首，丁香丸1首。陈自明在《妇人大全良方》中主要记载治疗妇科疾病的方剂，其中有许多利用香药组成的诸如治血崩的“缩砂散”，治赤白带下的“乳香散”，和“白芷散”等十余种香方。宋微宗赵佶组织编纂的《圣济总录》中对香药的应用已达极为普遍的程度，其中的方剂，以香药（料）作丸散、汤剂之名甚多，如分散在各门的以木香、丁香为丸散的方剂就多达上百首。以《诸风门》为例，共载乳香丸八种，乳香散三种，乳香丹一种，木香丸五种，木香汤一种，没药丸五种，没药散三种，安息香丸两种，肉豆蔻丸一种。其余《诸痹门》《伤寒门》《疟疾门》《霍乱门》《心脏门》《脾脏门》《小肠门》《胃病门》《肾脏门》《三焦门》《心痛门》《心腹门》等各门中均有香药大量使用。

王衮撰《博济方》中收录了59条治疗妇科、儿科、内科等方面疾病的香方，治疗妇科和儿科疾病的方剂如安胎和气的藿香散，治产后脐下疼痛的香桂散，治产后心胸烦躁、恶血不快的没药丸，治妇人肌瘦力乏、经不调的当归煎丸，治室女荣卫不匀、头昏乏力的沉香鳖甲散，治妇人月经不调、四肢倦闷的泽兰丸，治妇人四肢少力、多困减食的香甲散，治妇人月经不调、肌肉黄瘦的大香甲丸，治妇人骨节酸疼、饮食无味的当归散，治妇人急血气、疼痛不可忍的没药散，治妇人手足疼痛、冷痹心腹的顺气木香丸，治小儿惊风、便秘的神效龙脑膏，治小儿外伤风冷、解肌的厚朴散，治小儿疳热、化食压惊的麝香丸，治小儿霍乱、吐泻不止的乳香丸，治小儿脾痛、不思饮食的香朴散，治小儿调中顺气补虚的木香丸，治小儿风热、咽喉肿痛的龙脑膏。另外该文献还记载了治疗消化道疾病的香芎散、沉香散、白豆蔻散、木香通真散、烧石子茴香散、牛膝煎丸、补骨脂丸、麦门冬散、神妙沉香丸、橘香散、茯神丸、紫苏膏、秦艽散、豆蔻散、草豆蔻散、椒朴丸、丁香散、荜澄茄散、香苏散、丁沉香丸、阿魏丸、小丁沉丸、乳香丸、桂枝丸、丁沉煎丸、荜澄茄丸、硇砂木香丸、七香丸、沉香荜澄茄散、荜拨散等香方。《太平惠民和剂局方》中用香药（料）的方子达275个，约占全书药方的35%，以香药命名的医方60余种，其中专门用香药命名治疗“一切气”的方子就有30多个，它们分别是苏合香圆、安息香圆、丁沉圆、大沉香圆、调中沉香汤、藿香半夏散、草豆蔻散、丁香圆、青木香圆、沉香降气汤、丁沉煎圆、大七香圆、小七香圆、木香饼子、草果饮、温中良姜圆、木香分气圆、神仙沉麝圆、白沉香散、丁香煮散、鸡舌香散、二姜圆、顺气术香散、集香圆、肉豆蔻圆、丁香脾积圆、木香分气圆、木香流气饮、十八味丁沉透膈汤、五香散、麝香苏合香圆。该文献第十卷中还收录了很多香茶、香汤和熏香的方剂。此书中，几乎没有一方不用香药，有些香料方剂沿用至今，对中国医药业发展有重要意义。

据统计，宋代方剂中使用香药的还有：《类证普济本事方》中的治风寒湿痹诸症的麝香圆，治伤寒时疫的肉豆蔻汤，治妇人诸疾的木香圆、琥珀散。《集验背疽方》中的五香连翘汤，用了木香、丁香、乳香、沉香等药。《产育宝庆集》中以没药为主的调经散，以乳香为主的济危上丹，还有沉香桃胶散、当归没药丸。《小儿药证直诀》中的木香圆、龙脑散、犀角圆、豆蔻散、豆蔻香连圆。《洪氏集验方》中的肉豆蔻散、阿魏良姜圆、神应乳香圆、丁香草果散、沉香荜澄茄汤、肉豆蔻汤以及木香分气圆等。《苏沈良方》中治瘴用的木香丸，治偏风瘫痪脚气的木香散，治肺痿客忤用的苏合香丸，治伤寒的枳壳汤，治脾胃虚弱的桂香散。《济生方》中治脾胃虚弱、消化不良的沉香丸，治不思饮食用荜澄茄丸。宋代社会应用香药的广泛程度，还表现在一些士大夫笔记及某些诗文集中记载的家庭药物制作与应用上。如有关乳香加工，庞元英在《文昌杂录》中说，要把它“先置壁罅中半日许，入钵，乃不黏”，或“取指甲三两片置钵中，尤易末”；张谊《宦游纪闻》说，宜先将它研得略细后，倒一点“酒或水研，顷刻如泥，更无滓脚”。苏轼曾给友人说若有硫黄，“为买通明者数斤，欲以合药散”。后世医家朱震亨虽对处于开创期香药过度利用有所批评，但也认为宋时出现的如至宝丹、苏合香丸等一些至今仍在运用的方剂是千古名方。总的来说，宋代医家对香药的研究运用仍是功大于过。

元代医家继承前代的用香技巧，危亦林《世医得效方》卷三载香方十五种，它们分别是缩砂香附汤、沉香降气汤、木香流气饮、五香连翘汤、苏合香圆、独香汤、生料木香匀气散、聚香饮子、青木香圆、小七香圆、川芎散、龙脑圆、辰砂妙香散、沉香散。沙图穆苏《瑞竹堂经验方》收录香方二十余种，这些香方在内科、五官科、妇科疾病的治疗中都有所体现，例如，帮助消化的“丁香烂饭丸”、固元补虚的“沉麝香茸丸”、治疗梦中遗精的“辰砂妙香散”、治疗小肠疝气疼痛的“川楝茴香散”、固齿荣发的“沉香散”、治妇人脐下血积疼痛的“血竭散”。医官许国桢所撰《御药院方》是一部颇有特色的古代宫廷方书，集当时香药方剂之大成，据统计，全书共十一卷，载有 1 000 余种药方，香药类方剂占四成左右，有乳香类 8 种、龙麝类 2 种、龙脑类 5 种、没药类 4 种、龙香类 1 种、木香类 20 种、沉香类 17 种、丁香类 4 种、白豆蔻类 4 种、槟榔类 5 种、麝香类 8 种、龙胆类 1 种、沉麝类 2 种，这些香方广泛应用于中风病、脾胃病、疮疡、风寒湿痹以及妇儿、五官等各科。

明代出现了几部经典医学文献，朱橚等《普济方》收录了 297 条治疗肝脏、脾脏疾病的香方，其中有木香圆 10 种，木香散 5 种，丁香散 10 种，丁香圆 10 种，乳香散 5 种，乳香饼子 1 种，沉香散 11 种，沉香圆 7 种，肉豆蔻散 20 种，草豆蔻圆 12 种，没药散 4 种，没药圆 3 种，阿魏煎 1 种，安息香汤 1 种，有相当一部分香方主要摘录自

《圣济总录》《太平圣惠方》《御药院方》等医家名典。李时珍的《本草纲目》集各医家经典之大成，将明代之前本草类、医药类、起居类文献中香药方剂有选择地收录，有些再杂以李时珍的看法与见解，使中国古代医家用香技术得到进一步提升。

清代程林《圣济总录纂要》是一本方书类中医学文献，收录了200多条用于治疗心脏、呼吸道、消化道、妇科方面疾病的香方，可以说是集清代之前医家香药方剂之大成。

3. 香药在日常保健中的利用

芳香植物散发的香气令人愉悦，很早就受到古人的重视并得以加工、利用。先民们利用香物香料预防瘟疫、消除瘴气、去毒杀虫，在实践中积累了大量的保健养生知识，意识到初生儿用檀香洗口，可除胎浊；消除鱼类腥浊可用苏叶；沉香、檀香等可用于预防瘟疫；治疗瘴气可用青蒿；艾叶、菖蒲、樟脑等有消毒和杀虫功效，特别是樟脑、龙脑香（冰片）等对服饰的防虫防蛀效果独特；平时服食、佩戴、熏蒸、悬挂、涂抹香药亦能达到良好的预防保健作用。据文献记载，汉武帝时，有使者渡弱水向朝廷贡香，但武帝并不认为进献的香料有特别之处，未加重视。不久长安发生瘟疫，民众病死者众多。西国使者点燃他带来的香料，消除了疫气。关于汉武帝香事的记载还有很多，尽管有些说法并不可靠，但利用焚香产生的化学成分来消除空气中的病菌、净化环境，却有一定的科学道理。汉魏时期名医华佗曾在居室内悬挂用丁香、百部等药物制成的香囊，用来预防“传尸在病”（即肺结核）。唐代李珣《海药本草》称焚烧艾纳香可辟瘟疫，焚烧兜纳香可辟远近恶气。《旧唐书·穆宗纪》载：“壬子诏入景陵玄宫，合供千味，食肥肉鲜鱼，恐致薰秽，宜令尚药局以香药代食。”唐代《新修本草》中载有安息香有开窍辟秽、行气活血的功用，常用来治疗中风昏厥、猝然昏迷、血晕、心腹疼痛等病症。甘松香气味甘温无毒，理元气，去气郁，北宋《苏沈良方》中记有每日焚烧甘松，可治痨瘵。明代《证治要诀》载，烧乳香，以烟熏口目顺血脉，可治口目歪斜。焚烧沉檀后产生的香气，可以治疗由臭毒所致的疾病。明代王肯堂《证治准绳》中有“治臭无如至香”的说法。有些香料含有特定的化学成分，香气浓郁，可祛疫疗疾，甚至有起死回生之功效，因此被冠以“返魂”“辟邪”“安息”等功效。《红楼梦》第97回写道：宝玉在他的婚礼上发现新娘竟然不是朝思暮想的林妹妹，顿时旧病复发，昏晕过去。家人连忙“满屋里点起安息香来，定住他的魂魄”，实际上就是利用了安息香的药用价值。明代医家李时珍称，沉香、檀香、乳香等香料气味辛微温无毒，可治恶气、治心腹病痛、消疮肿、清人神，可治小儿痘疮。《本草纲目》中记载“沉香、蜜香、檀香、降真香、苏合香、安息香、樟脑、皂荚等并烧之可辟瘟疫”。李时珍对利用焚香消除疫病的做法也持肯定态度，认为情理之外的事也可发生，不可以认为是谬论。《本草纲目》中引《集简方》称，用番降末（降真香）、枫、乳香做成的香丸熏香，对避除恶气，很有效果。该文献中还记载了用“线香”入药的方法，书中说：“今人合香之法甚多，惟线香可入疮科用。其料加减不等，大抵多用白芷、芎穹、独活、甘松、山柰、丁香、藿香、藁本、高良姜、茴香、连乔、大黄、黄芩、柏木之类，为末，以榆皮面作糊和剂。”李时珍用线香“熏诸疮癣”，方法是点灯置桶中，燃香以鼻吸烟咽下。除此之外，还可“内服解药毒，疮即干”。清代著名医学家赵学敏编著的《本草纲目拾遗》中附载的曹府特制的“藏香方”，由沉香、檀香、木香、母丁香、细辛、大黄、乳香、伽南香、水安息、玫瑰瓣、冰片等20余种气味芬香的中药研成细末后，用榆面、火硝、老醇酒调和制成香饼。赵氏称藏香有开关窍、透痘疹、愈疟疾、催生产、治气秘等医疗保健的作用，其言不虚。因为制作藏香所用的原料本身就是一些芳香类的植物中药，燃烧后产生的气味可以除秽杀菌、祛病养生。

香药的作用还表现在提神方面。香气能令人心神宁静，忘却烦恼，安心读书应考、处理公务。据说有士人经常在公务之后“手执《周易》一卷，焚香默坐，消遣世虑”。南朝士人岑文敬忠厚善良，从小培养焚香读书的习惯，据说从五岁起每天焚香读《孝经》。文学家苏东坡早年在澹州做官，早上必须焚檀香10束，“吞香静坐”半个时辰，清心寡欲，方上堂治理民事。中国古代还常在贡院考场焚香，一来表示严肃隆重，二来也可利用香气为考生提神醒脑。唐代及宋代，在进士考试之前，礼部要设香案于考场，主司与举人对拜后考试。宋代欧阳修就曾作一首七言律诗《礼部贡院阅进士就试》来描写这一场景：“紫案焚香暖吹轻，广庭清晓席群英。”

熏蒸香料产生的香气除了提神醒脑，还有安神催眠的功效。《丛书集成续编》引《非烟香法》曰：“治不睡宜蒸零陵。”零陵既零陵香，一名燕草，又名薰草，生湖南零陵山谷，味甘平，无毒，中医上用于去臭恶气，治疗心腹疼痛、鼻塞、失眠不睡等症。随着香料资源的丰盛，彻夜焚香助眠的事迹亦时有记载。王仁裕《开元天宝遗事》中记载：“元宝好宾客，务于华侈……常于寝帐床前，雕矮童二人，捧七宝博山炉，自暝焚香彻晓，其骄贵如此。”尽管我们不知道他焚烧的是什么香料，但可以从中了解到焚烧香料有助于睡眠。夏季闷热、蚊虫多，容易使人烦躁，焚烧香料可定心养神，陶渊明云：“沉香、薰陆，夏月常烧此二物。”李时珍称沉香、薰陆香的性质都“气味微温无毒”，沉香具有去恶气、清人神、治心神不足的功效，薰陆香除了能去恶气，还具有治疗失眠的功效。因此，陶渊明称夏季常烧沉香、薰陆香，可借助香气驱虫，还有助眠养生的作用。

在历代医书中，食黄精、饵白术被认为是隐士高人的养生要诀。《北史》载："辟谷饵松术茯苓，求生长之秘。"从医学角度来说，香药中的滋阴、补气、健脾、补血之品，的确有可靠的养生效果。道家讲究修身养性，《云笈七签》中列出生干地黄、石菖蒲、松脂、干姜、桂心、甘草、菖蒲、柏子仁、菊花、茯苓、黄精、木香、肉豆蔻等十余种养生香药，将中国古代道家养生的主要香药归于其中。同时该文献也收录了几种养生香方，其中"安和脏腑丸方"配方是"茯苓、桂心、甘草、人参、柏子仁、薯蓣、麦门冬、天门冬，捣筛为散，白蜜和为丸，丸如梧桐子大。每服三十丸"；而"镇魂固魄飞腾七十四方灵丸"的配方中还用到了鸡舌香、沉香、安息香与薰陆香，说明当时道家也受到外来香药的影响，吸收了外来香药养生之精华。《寿亲养老新书》是一部记载养生方法的文献，提到用木香、酴醾花酿成的色香味三绝的"酴醾酒"宜奉老人。《圣济总录纂要》中载有可"延年益寿，返老还童，除万病"的"黄精酒方"，"治上热下冷，五劳七伤，补虚益气"的"地黄沉香丸方"。为了方便养生，古代很多有权势的富贵人家，早早地将这些养生香丸制备好以便及时服用，史称北宋时期从奸臣童贯家抄出已经用香药制好的"理中丸"就有上千斤。

（四）香料与宗教祭祀

1. 香料与古代祭天祀祖

人类同"香味"的交往史，可追溯到神农时代，据说当时人类就懂得焚烧香木。《诗经》中已有记载，植物香料被用于宗教仪式，与人类的精神生活息息相关，如《诗经 · 召南》中的"采蘩"。蘩是一种带有香气的蒿，先民将采收的蘩送庙中祭祀神灵。祭祀烧香是从古代的祭礼中演化来的。中国古人在祭祀天地祖先时，往往焚烧祭品或某些植物，使之产生浓烟，认为其烟雾可通达神明。所以宋代丁谓在《天香传》中称："香之为用从上古矣，所以奉神明，可以达蠲洁。"不过，后世祭天祀祖所用香的外观，已经有许多改进，不再是用原木直接焚烧，而是经过加工，出现了线香、盘香等比较精致的香。

佛教与道教的仪式中都提倡用香，而且宗教中用香还有比较严格的程序，一般民间的烧香就没有那么严格了，只须表示烧香者的虔诚。中国人对神明有着双重的态度。一方面是敬畏，表现为平时在言语和行为上不敢冒犯他们；另一方面功利色彩又很浓厚，求神是为了请神保佑。民间烧香有许多习俗，其中一个就是所谓的烧头香。头香就是第一炉香，尤其是新年的第一炉香。老百姓之所以常常争烧第一炉香，是因为他们认为头香功德最大，可以获福最多。在新年（农历正月初一）烧头香，虔诚的香客常常在除夕的午夜就开始早早等候了。除了烧头香，某些地方

还有烧十庙香的习俗，即在正月初一早晨，提着香篮，连续烧满周围十座庙。其用意与烧头香相近。

民间烧香的另一个比较特殊的做法是烧拜香。所谓烧拜香，是指向着某一宫、观、神庙等地方，一步或几步一拜。比如湖南衡阳一带就有上南岳衡山烧拜香的习俗，一般是香客携一张小凳，上设香案，几步一拜，渐次上山。烧拜香费时费力，自然也费财，所以并不经常进行。烧香求神保佑，往往许下各种诺言，称为许愿。所许的愿一般都是人们所公认的善行，或认为可以使神欢喜的事，如"重塑金身""重礼祭祀""种福田""扫地""唱戏""吃素""放生"等。日后所求之事得以实现，便意味着神已施以佑护，遂焚香再告神，并履行原来许下的诺言，作为答谢，称为还愿。比较常见的还愿形式是进庙烧香、上供、捐钱、捐物。

较之民间，皇宫中的祭天祀祖仪式更加隆重，所用香料品种名贵而且量大。例如，南朝梁武帝时就规定南郊明堂用沉香，取天之质，阳所宜也。北郊用上和香，以地于人亲，宜加杂馥。史称梁武帝用名贵沉香祭天的行为是千古未有。崇祯八年(1635 年)的一次皇家郊祀，皇家太庙太常寺所用香料有降香二百五十斤，速香一斤，熏辇速香一斤，盥手檀香五钱，花椒、茴香各四两，葱十二两，韭菜一斤四两，芹菜二斤十两，烧香木炭一百斤。嘉靖十七年(1538 年)，一次祭祀，皇家太庙所用香料就有降香一炷，块香一斤，散降香二百斤，熏辇速香一斤，提炉速香一斤，檀香五钱，香油三斤，花椒、莳萝、茴香各四两，栀子八两。

中国古人焚香祭天祀祖的行为与宗教联系密切，尤其是道教和佛教，带有浓重的宗教色彩。道教与佛教是中国古代两大主要宗教，香料在这两大宗教中角色重要，甚至有异曲同工之妙。下面就香料在道教与佛教中的利用进行探讨。

2. 香料在中国古代道教中的使用

原生于中国的道教，沿袭了方仙道、黄老道的修行方法，其修炼方式有守一、行气、服食、房中等，其中服食离不开香料。因此，香料在道家修行过程中必不可少，并有一些道家专用的香料。例如，木兰香，道家用以合香；杜衡，唯道家服之，令人身衣香；白茅香，道家用作浴汤，合诸名香甚奇妙，尤胜舶上来者。同时，道家炼香方法是非常讲究的，周嘉胄在他的《香乘》中提到的太乙香："香为冷谦真人所制，制甚虔甚严。择日炼香，按向和剂，配天合地，四气五行各有所属。鸡犬妇女不经闻见，厥功甚大。焚之助清气、益神明，万善攸归，百邪远遁，盖道成后升举秘妙，匪寻常焚爇具也。其方藏金陵一家，前有真人自序，后有罗文恭、洪先跋，余屡虔求，秘不肯出，聊纪其功用如此，以待后之有仙缘者采访得之。"

道学是一门玄学，因此常人也较难理解道家香。道教称香有太真天香八种，即道香、德香、无为香、自然香、清净香、妙洞真香、灵宝慧香、超三界香。《道书》所载《上香偈》称："谨焚道香、德香、无为香、无为清净、自然香、妙洞真香、灵宝惠香、朝三界香，香满琼楼玉境，遍诸天法界，以此真香腾空上奏，焚香有偈，返生宝木，沉水奇材，瑞气氤氲，祥云缭绕，上通金阙，下入幽冥。"宁全真《上清灵宝大法》卷五十四解释其意为："道香者，心香，清香也。德香者，神也。无为者，意也。清净者，身也。兆以心神意身，一志不散，俯仰上存，必达上清也。洗身无尘，他虑澄清。曰自然者，神不散乱，以意役神。心专精事，穹苍如近君，凡身不犯讳。四香合和，以归圆象，何虑祈福不应。妙洞者，运神朝奏三天金阙也。灵宝慧者，心定神全，存念感格三界，万灵临轩，即是超三界外，存神玉京，运神会道，不可阙一，即招八方正真生气，灵宝慧光，即此道也。以应前四福应于一身，以香焚火者，道德无为之纯诚也。以火爇香者，诚发于心也。"

据古典文献记载，中国古代道教所用香料约有十种，分别是：返风香、七色香、逆风香、天宝香、九和香、反生香、天香、降真香、百和香、信灵香。道家对不同场合用何种香料都有规定，如《香乘》中称："檀香、乳香，谓之真香，止可烧祀上真"，下面逐一加以介绍。

道教宫观和斋醮科仪中的用香有返风香、七色香、逆风香和天宝香四种，宋代吕太古《道门通教必用集》卷五称其为"奉献诸天无价名香"，其来源和制法不详。九和香，为道教神仙传说用香，宋代洪刍《香谱》引《三洞珠囊》称："天人玉女捣罗天香，擎玉炉，烧九和之香。"反生香又称返魂香、惊精香或却死香，据考证可能是中国古代乳香的一种名称，宋代叶廷珪《名香谱》称其是"尸埋地下者，闻之即活"。降真香是道教斋醮中用香，《天皇至道太清玉册》称降真香为祀天帝之灵香也，宋代洪刍《香谱》记载，降真香生于南海诸山，亦有称产于大秦国者。其性温平，无毒，主天行时气，宅舍怪异，并烧之有验。《仙传》云："烧之感引鹤降。醮星辰烧此香甚为第一。小儿带之能辟邪气，其香如苏枋木。然之初不甚香，得诸香和之，则特美。"

百和香是道教神仙之香，《汉武帝内传》载："七月七日……燔百和之香，张云锦之帐，然(燃)九光之灯"，以迎西王母。百种香料和合而成即为百和。《要修科仪戒律钞》卷八引《五符序》称：然(燃)百和之香以破秽。还有信灵香，也是道教斋醮中用香，仅次于降真香，《天皇至道太清玉册》载："信灵香可以达天帝之灵所"。其香由降真、沉香、藿香、甘松、白芷、大黄、香附子、玄参等按定量合成。香静室制成，

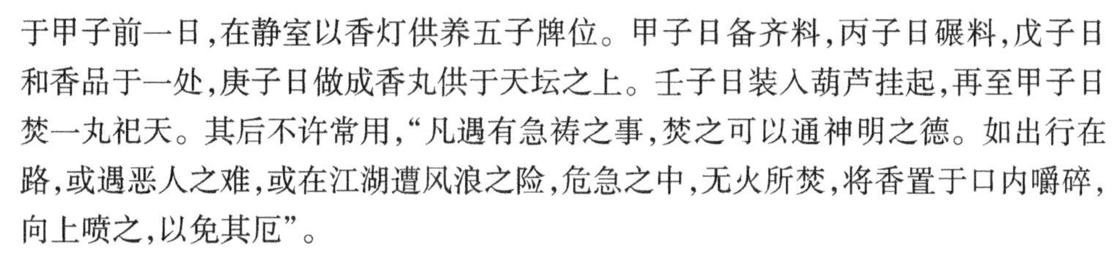

于甲子前一日，在静室以香灯供养五子牌位。甲子日备齐料，丙子日碾料，戊子日和香品于一处，庚子日做成香丸供于天坛之上。壬子日装入葫芦挂起，再至甲子日焚一丸祀天。其后不许常用，“凡遇有急祷之事，焚之可以通神明之德。如出行在路，或遇恶人之难，或在江湖遭风浪之险，危急之中，无火所焚，将香置于口内嚼碎，向上喷之，以免其厄”。

上述内容可见道教中焚香很有讲究，其作用与在佛教中相同，香就是神灵的信使，焚香是为了感动神灵。“长命百岁”是道家修行的主要目的，因此道士烧香多为祈求上天为其“祛病长寿”。《云笈七签》中有相关记载，例如，《旦夕烧香（第七）》载：“每日卯、酉二时烧香，三捻香，三叩齿，若不执简，即拱手微退，冥目视香烟”，其后念咒曰“玉华散景，九炁含烟。香云密罗，上冲九天。侍香金童，传言玉女，上闻帝前，令某长生，世为神仙。所向所启，咸乞如言。毕，叩齿，心礼四拜，亦云真礼四拜”；《旦夕卫灵神咒（第八）》载：“每朝及临卧之际，焚香向王长跪，叩齿三十二通，诵卫灵神咒一遍”，从中不难看出焚香的目的。

道教中焚香之事由特定之人从事，此人被称为“侍香”。侍香是道教举行仪式时执事的名称，由参加仪式的道士担当。道教刚开始兴盛时，仪礼简单，且无用香记载。魏晋南北朝时期，用香在人们生活和宗教仪式中逐渐兴起。南朝高道陆修静（406— 477 年）编纂的《洞玄灵宝斋说光烛戒罚灯祝愿仪》中才有仪坛执事侍香之称。唐五代以后，侍香之称在斋醮仪式中广泛使用。至今，道教醮坛上仍有专职侍香的道士。《洞玄灵宝斋说光烛戒罚灯祝愿仪》称侍香之职是“料理炉器，恒令火然（燃）灰净，六时行道，三时讲诵，皆预备办，不得临时有缺”。唐五代的《金箓大斋补职说戒仪》则要求侍香必须“精饰鼎彝，严洁案席，巡行爇炷，始终芬芳，玄鉴昭彰，丹诚露达，毋或中绝，有越初忱”，同时还规定侍香如有失职，必须罚香、罚油，乃至“罚算一纪”等。

经五代十国之乱，道教虽日渐式微，但还是得到一些崇拜仙道的统治者的支持。《清异录》载：“道士谈紫霄有异术，闽王昶奉之为师，月给山水香焚之。香用精沉，上火半炽则沃以苏合香油。”宋太祖、太宗及真宗等皇帝出于巩固统治的政治需要，也是极力崇奉道教，使道教在宋代得以盛行，并获得很大发展。他们一方面为道教诸神加封号、赐真君；另一方面兴造道观，优礼道士。赏赐香料便是皇帝对道士优礼的一种表示，如《二十四史》记载了宋真宗以香料等物赏赐道教贺兰栖真的情况：“有贺兰栖真者，不知何许人。为道士，自言百岁……今遣入内内品李怀赟召师赴阙。既至，真宗作二韵诗赐之，号宗玄大师，赏以紫服、白金、茶、帛、香、药”。

另外，陆游《老学庵笔记》卷二记宋徽宗崇宁年间建造道观神霄宫时，优礼道士的香料等物更加丰厚，到了随欲随给的地步："群道士无赖，官吏无敢少忤其意，月给币、帛、朱砂、纸笔、沉香、乳香之类，不可数计，随欲随给。"

念珠是道士佩戴的一种重要道具。宋代道士把香料用于制作念珠，称为香珠，宋代陈敬《陈氏香谱》卷四中详细记载了香珠的制作过程：把零陵香、茴香、丁香、檀香、藿香、木香等多种香料晒干，和为细末，用白及末和而打糊为剂，制为珠，趁湿穿孔，阴干后用青绳串联即成。当时道士盛行佩带香珠，所谓"香珠之法，见诸道家者流，其来尚矣"。设道场斋醮、求福去祸、祈禳灾疫等，更是当时道教活动的重要内容，而香汤沐浴、焚香是其中不可缺少的一种道教仪式，通过这一庄重的仪式来表达对道教诸神的虔诚和敬畏，祈祷得到诸神的佑助，以达到驱除鬼魔与灾疫的目的。宋代统治者很重视这一仪式，如宋太宗在诗《逍遥咏》中就倡导说："香汤沐浴更斋清，运动形躯四体轻，魔鬼自然生怕怖，神魂必定转安宁。"再如《水浒传》第一回记述宋仁宗派洪太尉前往道教圣地江西信州龙虎山，请张天师祈禳瘟疫时所进行的香汤斋供沐浴、烧御香等道教仪式更是栩栩如生，"次日五更时分，众道士起来，备下香汤斋供。请太尉起来，香汤沐浴，换了一身新鲜布衣，脚下穿上麻鞋草履，吃了素斋，取过丹诏，用黄罗包袱背在脊梁上，手里提着银手炉，降降地烧着御香"。另外，香汤沐浴在道教修炼方法中属于养生修炼法之一。宋代洪刍《香谱》中也记载了当时道士用白茅香、符离香等香料煮香汤沐浴这一道教仪式。所谓"香汤"，就是加入各种芬芳香料的温热洗澡水。香汤沐浴不仅有清洁身体，涤尽垢腻的作用，并且还在于洗涤身垢中的启发影响，帮助洁净内心，人的神气自然清朗，有利于养生修炼。道教作道法之前，皆香汤沐浴，就是出于这个原因。

沐浴的香汤常用五种香料调配而成，据多本道家文献记载，五香并不固定，而是从兰香、白檀、白芷、桃皮、柏叶、沉香、鸡舌香、零陵香、青木香等几种香料中任取五种香料调制。《三皇经》云：凡斋戒沐浴，皆当盥汰五香汤。五香汤法，用兰香一斤，荆花一斤，零陵香一斤，青木香一斤，白檀一斤。凡五物切之，以水二斛五斗煮，取一斛二斗，以自洗浴也。用此香汤沐浴可辟恶除不祥之气，且可降神灵，治头风。《太上七晨素经》中记载的"五香汤"则是用鸡舌香、青木香、零陵香、薰陆香、沉香五种香料配制而成。前文所提香料中，白芷含有挥发油，味芳香，据道教密传，白芷可避邪、去三尸；桃皮是桃树去掉栓皮后的树皮，因其皮含柚皮素、香橙素等，所以气味芳香，具有较强的健脑、醒脑作用，且可以杀疮虫，辟邪气；柏叶，则具有轻身益气，令人耐寒暑、去湿痹、止饥的作用，道家称能降真仙；零陵香，对心腹恶气、齿痛、

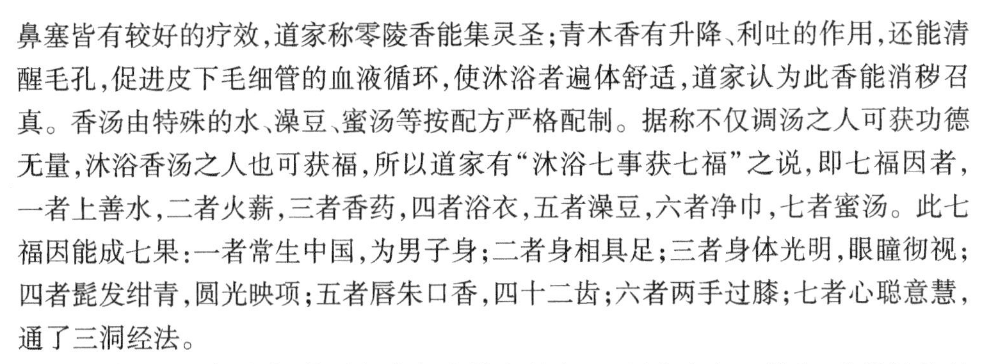

鼻塞皆有较好的疗效，道家称零陵香能集灵圣；青木香有升降、利吐的作用，还能清醒毛孔，促进皮下毛细管的血液循环，使沐浴者遍体舒适，道家认为此香能消秽召真。香汤由特殊的水、澡豆、蜜汤等按配方严格配制。据称不仅调汤之人可获功德无量，沐浴香汤之人也可获福，所以道家有“沐浴七事获七福”之说，即七福因者，一者上善水，二者火薪，三者香药，四者浴衣，五者澡豆，六者净巾，七者蜜汤。此七福因能成七果：一者常生中国，为男子身；二者身相具足；三者身体光明，眼瞳彻视；四者髭发绀青，圆光映项；五者唇朱口香，四十二齿；六者两手过膝；七者心聪意慧，通了三洞经法。

在道教斋醮仪式中，烧香行为都有特定的名目，颇有意义。首先，香是神仙的一个“仙格”标志，往往作为神仙贵人降临、凡人升仙的先兆和氛围。《法苑珠林》卷三十六引《幽明录》称：“陈相子，吴兴乌程人，始见佛家经，遂学升霞之术。及在人间斋，辄闻空中殊音妙香，芬芳清越。”神仙必发香气，以示身份不同凡人，同时也象征着一种对凡夫俗子的亲和力和诱惑力。尤其是女仙，几乎与香气相伴。《神仙感遇录》称：“复书一朱符，置火上，瞬息闻异香满室，有一人来，堂堂美须眉，拖紫秉简，揖樵者而坐。”《汉武帝内传》中上元夫人与西王母别去时，“云气勃蔚，尽为香气”。在道教宗教仪轨中供奉神灵时，要求的供奉有香、花、灯、火、果五种，象征五行，表示天地造化，万物相生相克之理，以合神明之德。在民间的道事活动中，更多的是平民百姓日常焚香以敬神仙和祈祷，这也成为一种习俗性的道教活动。例如，宋代孟元老《东京梦华录》卷二说北宋东京“每岁清明日，放万姓烧香，游观一日”。农历七月十五中元节起源于道教，民间于此日焚香祭鬼，有钱人家于家设醮焚香，布施斋饭给僧侣，超度那些无人祭祀的孤魂野鬼。至元代以后，朝廷还给侍香道士设立了较高的官品，《元史》称：“香案，中道舆士控鹤八人，服同立仗内表案舆士。设侍香二人分左右，服四品服”。

3. 香料在中国古代佛教中的利用

香料与人类精神活动关系密切，自古佛教与香密不可分，两千年前檀香、沉香、乳香等香料随佛教从印度传入我国，尽管佛教传入中国后所用香料的品种被本土化了很多，但佛教中所用的香被统称为“梵香”。袅袅香烟不但香化环境，而且营造了庄重的宗教氛围，在各种佛事活动中，焚香礼佛、香汤浴佛不可缺少，形成了独特的宗教香文化。前人对佛教的研究已很成熟，但将佛教与香料联系起来的探讨还不多见。本部分从佛教角度考证香料源流，阐述佛教经典对香料的记载，探讨香料的利用，解释梵香文化。

(1)香料与佛事供养

由于香的尊贵、神圣以及在佛教中使用悠久,今天在佛教中“香”几乎随处可见。日常的诵经打坐,盛大的浴佛法会、水陆法会、佛像开光、传戒、放生等佛事活动都离不开香,因香而有的仪式与术语也很多。信徒入寺礼佛燃香,被称为“香客”。携香入寺礼佛之行被称为“敬香”或“进香”。信徒进香所施的钱被称为“香资”。信徒众多的寺庙以“香火鼎盛”来形容。僧人做法事必唱《炉香赞》。法师在香案前燃香被称为“拈香”或“捻香”。斋主做佛事时须随主法僧人佛前敬香,称为“上香”。替他人做佛事,则称为“代香”。施主设斋食供僧时,先把香分配给大众。烧香绕塔礼拜的仪式,称为“行香”。礼佛的上乘境界重在虔诚,被称为“心香”。同信佛法,同在佛门,彼此往来的契合者,称为“香火缘”或“香火因缘”。佛门道友共同结合而成的念佛修持团体,亦称为“香火社”。专司焚香、燃灯的职务称为“香火师”或“香灯师”。司掌时间的职务,称为“香司”。僧人打坐以烧一炷香作为时间标准,因而坐禅亦谓之“坐香”。起坐后跑动绕佛,则谓之“跑香”。用于警策修行的形如宝剑的木板谓之“警策香板”,用于惩戒的谓之“清规香板”,佛殿谓之“香殿”,厨房谓之“香厨”,佛家寺院则被尊称为“檀林”。若修行者犯了错,被罚于佛前长跪,称为“跪香”。学者插香以请禅师普说或开示之仪式,或住持领僧团到佛前集体发露忏悔,称为“告香”。对大众预报告香仪式所悬挂之牌,即称“告香牌”。依此仪式之普说,即称作“告香普说”。另外,一些佛、菩萨和佛国净土还以香命名,佛典中也记载了许多他们的故事,如香积如来、师子香菩萨、香手菩萨、金刚香菩萨、香象菩萨、香音神王、鬻香长者、香严童子、众香国等。佛教中的天龙八部护法神之一的乾闼婆,以食香、身体放香著称,被称为“香神”。

以香等各种用品供养佛、法、僧三宝是对佛和菩萨的恭敬,同时是一种重要的修持方法,象征并启示自身烦恼止息,得到喜悦与自在。《佛说陀罗尼集经》第三卷记载了对佛的二十一种供养方法,其中分别列举了香水、烧香、杂香、燃灯、饭食五种,记述了供灯、供花、供香是供佛的基本内容。《苏悉地羯啰经》中的五种供养为涂香、华鬘、烧香、饮食、燃灯;《大日经》中则有六种供养,即水、涂香、华鬘、烧香、饮食、灯明香;《行法肝叶抄》中,以六种供养象征六波罗蜜:水代表布施波罗蜜,涂香代表戒波罗蜜,花代表忍波罗蜜,烧香代表精进波罗蜜,饮食代表禅定波罗蜜,灯代表般若波罗蜜。涂香代表清净,能清净一切染垢污秽、燥热烦恼,以香供佛,代表除灭一切生死烦恼,得到清净自在。

密教之中,依三部、五部区别,所用的香也有所不同。据《苏悉地羯啰经》卷上

《分别烧香品》记载，在密宗中，供养佛部、莲华部、金刚部等圣众的香有所不同，中央佛部（毗卢遮那佛，法界体性智）供沉香，东方金刚部（阿閦佛，大圆镜智）供丁香，南方宝部（宝生佛，平等性智）供龙脑香，西方莲华部（阿弥陀佛，妙观察智）供白檀香，北方羯摩部（不空成就佛，成所作智）供薰陆香。各种梵香中，室唎吠瑟吒迦树汁香，通用于三部，也可以用来献与诸天。此外，还有安息香献与药叉，薰陆香献与诸天天女，娑折啰娑香献与地居天，娑落翅香献与女使者，乾陀啰娑香献与男使者等。龙脑、乾陀啰娑、娑折啰娑、薰陆、安息香、娑落翅、室唎吠瑟吒迦等香，称为七胶香，为最胜最上者，以此和合而烧之，可通用于佛部、金刚部、莲华部之息灾、增益、降伏等三种法，共为九种法。

除了供佛，供养经典也应用香。《法华传记》卷十《十种供养记九》中，鸠摩罗什说，若要供养《法华经》，须依经说，略备十种供具：一花、二香、三璎珞、四抹香、五涂香、六烧香、七幡盖、八衣服、九妓乐、十合掌也，其中香就占了四种。

《佛说浴像功德经》记载，佛陀在对清净慧菩萨说法时曾讲到，自己灭度之后，修行者诚心供养，“所得功德，如我在世等无差别”，修行者可用香料浸水制作香汤以浴佛像。佛教创立之前，印度的婆罗门教等教派中就有浴像的风俗。佛教兴起之后，以香汤浴佛成为佛家最重要的法事之一。古代印度的佛家弟子大多每天都浴佛，并非专在佛生日进行。随着佛教传入中国，浴佛的仪式在中国也有流传，但中国没有沿袭这种日日浴佛的习俗，而是渐渐演变为在佛陀的诞辰日——四月八日专门举行盛大的浴佛法事，这是佛教最隆重的节日之一，称为“浴佛节”“灌佛”“佛诞会”。当天用五色香水浴佛灌沐顶，将梵香用到极致。这五色香水中，都梁香为青色水，郁金香为赤色水，丘际香为白色水，附子香为黄色水，安息香为黑色水。《三国志》载笮融大兴浮屠祠，“每浴佛，多设酒饭，布席于路，经数十里，民人来观及就食且万人，费以巨亿计”。《浴佛功德经》记载，在做法事之前取牛头旃檀、白檀、紫檀、沈水、薰陆香、郁金香、龙脑香、零陵香、藿香等，于净石上磨作香泥，用为香水。《大藏经》卷八记载，四月八日浴佛时，当取三种香：都梁香、藿香、艾香，合三种草香挼而渍之，此则青色水。若香少，可以绀黛秦皮权代之。郁金香手挼而渍之于水中，以作赤水。说明用浴佛之后的香水灌沐自己的头顶，能获福无量。

（2）香料在佛医、熏香中的利用

几大宗教形成之前，人类已使用各种香料驱虫辟秽、祛疫除病、香化环境、调味增香。可见香的利用源于人类生活，而不是单纯的宗教精神活动。沉香、檀香、丁香、木香、肉桂、菖蒲、龙脑香（冰片）、麝香、降香、安息香、甘松香等梵香本身就是药材，很早就用于治病。“香药”就是用于治病的香料，是“佛医”的重要组成部分。佛教传入中国以后，佛医学与中医学相结合，对中医发展有很大的贡献，许多中药方剂中有梵香药配伍，促进了中医学的发展。

佛家香药的配方种类丰富，用途广泛。香药的使用方法有熏烧、口服、浸泡、洗浴，也可做成香水、香膏、香油涂在身上。《大佛顶广聚陀罗尼经》中《大佛顶无畏宝广聚如来佛顶仙膏油品第十》记载：用郁金花、龙脑香、煎香、沉香、牛黄等制成药膏。《大唐西域记》载“身涂诸香，所谓旃檀、郁金也”；取药劫布罗（龙脑香）和拙具罗香（安息香），各等分，以井水一升和煎取一升，可治疗“蛊毒”；“取胡麻油，煎青木香，摩拭身上”可治疗“偏风，耳鼻不通，手脚不遂”；以“菖蒲、牛黄、麝香、雄黄、枸杞根、桂皮、香附子、豆蔻、藿香”等作“香浴”可以辟秽化浊，开窍通经。此外，龙花，梵名那耆悉，生西南诸国，“味苦，寒，无毒。主结热，热黄，大小便涩赤，毒诸热，明目”。可见佛医主要利用梵香的芳香通窍、活血杀菌等功能，其利用方法主要为香佩、香浴、香身与香化环境。

佛家自古就提倡在打坐、诵经等修持功课中使用熏香，在寺院内外处处熏香、种植香花香草，以营造芳香庄重的修炼环境。古诗“青山稳处衲僧家，得趣应难向客夸，春砌浪生金凤草，夏窗低映木龙花”“来访山中古道场，憩眠聊借赞公房，三生定水龙花供，一味枯禅柏子香”都是对寺院周围芳香环境的生动描写。古代文献中多有对佛家熏香的描述，例如，“以龙花蕊和安息香油揉为小铤，如箸长尺许，插壁上燃之，终日不绝，香甚清馥”。在芳香氛围的熏陶下，许多修炼有成的法师同时也是调制合香的高手。在《根本说一切有部毗奈耶药事》卷一中记载了用梵香合香的方法：“沉香一两，煎香一两，薰陆香一两，甘松香一两，零陵香一两，甲香一两，丁香一两，白胶香真五文，鸡舌香十二文，青木香一两，香附子十文，白檀香一两，捣罗取末，以蜜和之”。很显然，此香方就是佛家法师所配。

实际上佛教之所以能在中国长盛不衰，与中国古代皇家对佛教的支持分不开，窥一斑而知全豹，从皇家对佛教用香的态度中可看出。例如，唐代宗大历年间，皇帝崇敬释氏佛教，每年春天用百品香和银粉涂佛室；唐懿宗咸通十二年（871 年）五月，“上幸安国寺，赐僧重谦、僧澈沈檀讲座二，各高二丈。设万人斋”。类似这样的举措促进了佛教事业的发展。

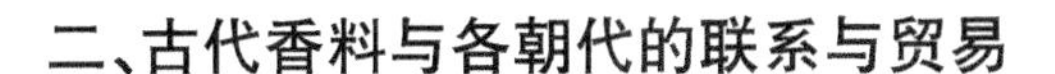

二、古代香料与各朝代的联系与贸易

（一）两汉时期香料的传入

先秦时期，中原地区与盛产香料的西域及南海诸国往来不多，先秦文献中也未见香料传播方面的记载，香料品种贫乏。《诗经》《尚书》中未见相关记载，即便《楚辞》中所见，也不过江离、辟芷、申椒、菌桂、蕙、幽兰、留夷、薜荔之属。由于大多香料为热带产物，并不自然生长于黄河流域和长江流域，因此，先秦诗人在创作中受限于地域认知，未能亲眼所见，自然也很难在文字中详尽描绘，这是形势使然，不足为怪。宋代泉州港官员叶廷珪在他的《香录》序中则说得更加明白："古者无香，燔柴焫萧，尚气臭而已。故香之字虽载于经，而非今之所谓香也。至汉以来，外域入贡，香之名始见于百家传记，而南蕃之香，独后出焉，世亦罕知，不能尽之"。

汉武帝时期，国力强盛，通西域、平南越，打通了陆上丝绸之路，开辟了南方的海上交通，从此中国与世界其他地方开始有了联系。在丝绸商贸通道上，"商胡贩客，日款于塞下"。经过几百年的文化交流，中国的丝绸、瓷器和茶叶通过各国的商人之手，逐渐传向西方，而域外的胡荽、胡葱、胡麻、胡蒜等香料，也通过使节和商人相继输入中国。但此时香料是专属于皇亲贵族的奢侈品，关于民间用域外香料的记载几乎为零。

（二）魏晋南北朝时期香料的传入

魏晋南北朝时期与两汉时期相比，域外香料传入中土已不再罕见，这标志着香料输入的起步阶段。文献记载证明了这一点。例如，《魏略・西戎传》收录了秦代十二种香料，如苏合香、狄提香、迷迭香、兜纳香、白附子、乳香、薰陆香、郁金香等，这些香料已经传入中土。《南州异物志》《南方草物状》《广志》等文献也有关于域外香料的记载。

西域国家如龟兹国、波斯国、康国、漕国等盛产香料，与中国有往来，文献中涉及的香料包括薰陆、郁金、苏合、青木、婆律、胡椒等。虽然文献未明确提到这些国家是否将香料传入中国，但我们可以确定人们已经对许多种异域香料及其性能有了相当准确的认识，范晔的《和香方》中也有相关信息。

传入中土的香料很快融入了中土人的生活，尤其对皇亲贵族家庭产生了深远影响。从历史记载中可以看出，当时香料被视为奢侈品，传入量不多但品质上乘。曹操在《内诫令》中虽提到禁止家中烧香，但实际上并未严格执行，他本人甚至将香料作为馈赠之物。此外，贵族和文人的诗词歌赋中也可以找到关于香料传入中国的描述,其中魏文帝的《迷迭香赋》尤为著名。

总体而言,魏晋南北朝时期战乱频发,社会动荡不安,导致丝绸之路时通时阻。同时,由于航海技术不成熟,东南沿海与外界的交流范围有限。因此,输入中土的香料数量与品种并不显著。

(三)隋唐时期的香料的需求与贸易

隋唐时期是中国古代香料朝贡与贸易史上具有里程碑意义的时期,此时不仅域外香料大量输入中国,而且唐代官方文献还很详尽地记载了地方官府向朝廷进贡香料的情况。相比前代,唐代中央政府第一次在沿海港口城市设置市舶司,负责货物进出口与税收,管理对外贸易事务,香料输入品种丰富、数量繁多。

隋炀帝与许多其他历史时期的帝王一样,非常喜欢香料。根据《炀帝开河记》的记载,隋炀帝在从大梁到淮口的航程中,帆船经过的地方十里内都能闻到香气。《杜阳杂编》也描绘了隋炀帝奢侈的烧香场景:隋炀帝每逢除夕夜,殿前布置数十座"火山",每座火山燃烧数车沉香,暗中再用甲煎浇灌,香气可远播数十里,这个火山被称为"沉香火山"。无论是沉香还是甲煎,都是来自越南等国的名贵香料。这一记载告诉我们,此时的香料已经不再像南北朝时期那样零星输入,而是有一定的规模。

到了唐代,宫廷对香料的使用越来越烈,以文武百官上朝为例,根据《新唐书》的记载:上朝日,殿上设有黼扆、蹑席、熏炉、香案,宰相、两省官站在香案前的班次,百官分别站在殿庭左右,两名巡使在钟鼓楼下,先是一品班,然后是二品班,接着是三品班,依此类推。这样的香火仪式,促使香料大量从域外产香地输入中国。

关于香料传入,我们可以先从隋代说起。隋代虽然只存在了短暂的 38 年,但其结束了南北分裂的局面,建立了一个统一的王朝,这对促进经济发展、商业繁荣以及海外贸易的扩大非常有利。隋朝政府设立了专门管理商业的机构,内地都市设有市署,由市令负责管理商业活动。对边境的少数民族和对外贸易,设立了市监机构,由总监和副监管理。隋炀帝是一个雄心勃勃的皇帝,大业三年(607 年),屯田主事常骏、虞都主事王君政等人应募出使赤土国(今马来半岛附近),隋炀帝欣然应允。在宽松的政策背景下,这一外交举措非常成功,中国使者受到异域臣民的欢迎。根据《隋书》的记载,当时的情景是:赤土王派遣婆罗门鸠摩罗率领三十艘船前来迎接,吹螺、击鼓,为隋使奏乐,并进献金锁把常骏等人的船固定。一个月后,到达他们的首都,国王派遣他的儿子那邪迦前来接待隋使进宫。事先派人送来金盘,盛放香花和镜子,金器有两枚,盛放香油的金瓶有八个,盛放香水的白绢有四

条，供使者盥洗之用。随后，那邪迦随同隋使到中原进贡方物，并献上金芙蓉冠、龙脑香。同时，炀帝在鸿胪寺隶属下设立四方馆，以接待来自四方的使者，东夷、西戎、南蛮和北狄各一个代表，负责管理各方国家和互市事务。

除了赤土国，隋代与中国有贸易往来并且生产香料的东南亚国家还有十多个，其中最著名的是林邑（今越南中部）、真腊（今柬埔寨）、婆利（今印度尼西亚巴厘岛）、盘盘（今马来西亚）和丹丹（马来西亚半岛吉兰丹）等。隋朝还与西亚各国有友好往来，炀帝曾派云骑尉李昱出使波斯，随后波斯派遣使者携带贡品与李昱一同回朝。吐火罗（阿富汗）在大业年间也曾与隋朝有过贡使和贸易。

在唐代，基于隋朝的统一基础，政权更加稳定。唐朝国力经过贞观之治和开元盛世后空前强盛，航海技术逐渐成熟，频繁的商业贸易和各国人民之间交流，使得外来香料，尤其是来自南洋和西域各国的香料大量输入，开启了中国在对外交流和贸易史上一个具有重要意义的时代。唐朝延续了隋朝的制度，十分重视对外贸易和交流，仍然设立四方馆以接待来自东西南北各国的使臣，只是将原来的通事谒者称为通事舍人。唐朝早在武德八年（625 年）便颁布诏令，允许突厥和吐谷浑互市，推行开放政策，致力于保障西北陆路交通的畅通。同时，政府还颁布了一系列政策保护外商、鼓励贸易，并设立专门的机构进行管理。在广州，唐朝设立了市舶使一职，负责管理贸易事务。市舶使由岭南帅臣监领，设立市区，允许蛮夷来贡者在市区贸易，并稍收一部分利润归官。贞观十七年（643 年），还下诏设立三路舶司，规定进口的龙脑、沉香、丁香、白豆蔻等四种香料，要抽取一部分作为税收。

北宋部书《册府元龟》中《外臣部 · 朝贡》篇，全篇有 40 多次明确提到进贡的物品中包括香料，其中主要的香料有甘草、郁金香、牛黄、人参、沉香、仙茅、丁香、槟榔、白豆蔻、阿末香等。进贡这些香料的国家主要包括波斯、大食、新罗、天竺国、林邑、吐火罗国、狮子国、扶南、爪哇、扶林等。以唐太宗时期为例，贞观十五年（641年），天竺国王派遣使者献上大珠和郁金香、菩提树；贞观十六年（642 年）十一月，乌苌国派遣使者献上龙脑香。这些国家不仅朝贡了香料，还带来了香料进行贸易。在当时的一些商业大城市（如广州、泉州、扬州、长安、洛阳等）的药市上，来自外域的香料随处可见。根据《唐大和上东征传》的记载，在鉴真东渡日本时，他曾在扬州的药市购买了大量的香料，包括麝香、沉香、甲香、甘松香、龙脑香、香胆、安息香、栈香、青木香、薰陆香等，总重量超过 300 斤。还有从东南亚和阿拉伯国家进口的毕拔、诃黎勒、胡椒、阿魏等约 500 斤的香料。可以看出，这些外来香料种类繁多。

《新唐书》中的《广州通海夷道》是记载唐代海外贸易航线的宝贵资料。根据记载，唐代的远洋航线从广州出发，经过林邑到达新加坡、苏门答腊和爪哇，也可以通过新加坡海峡抵达斯里兰卡和印度等国。从印度的奎隆出发，沿着海岸线向西，经过巴基斯坦的乌尔都，就可以进入波斯湾的阿巴丹和奥布兰等地。如果换乘小船，沿着河流可以到达摩罗国（巴士拉港），这是大食的重镇。《新唐书》中还记述了从波斯湾沿着西海岸一直到东非坦桑尼亚达累斯萨拉姆的航程。林邑、苏门答腊、爪哇、斯里兰卡、印度、巴基斯坦、波斯湾、大食、坦桑尼亚等地都是中国远洋船只经过的国家或地区，也是香料的主要产地。《广州通海夷道》的出现标志着中国远洋航线在唐代发生了质的变化。根据《册府元龟》的统计，唐代朝贡记录中明确提及进贡的香料超过 40 次，涵盖了 30 多个品种。这表明唐朝是中国外来香料传入最为活跃的朝代，特别是南洋各国和阿拉伯诸国香料的大量输入。由于香料输入规模的增大，唐代的中国甚至成为日本的香料供应国。

唐代外来香料的输入与利用对医药学的发展产生了深远影响。许多以善用香药闻名的医药学家出现在唐代，李珣就是其中之一。他的家族世代经营香药贸易，对香药的使用经验丰富。他的著作《海药本草》收录了许多域外香药，被后世本草著作广泛引用。尽管《海药本草》已经失佚，但从其他药物学著作中仍可以归纳出 131 条相关内容。该书记录了药物的名称、产地、形态、品质、鉴别、采集、炮制、性味、主治、附方、用法、禁忌等多个方面的内容。其中，有关产地的记录中，有 32 种香料产自南海，10 种产自岭南，10 种产自广南，15 种产自波斯，5 种产自大秦（阿拉伯地区），5 种产自西海，香料产地主要集中在岭南、南海和海外地区，与《海药本草》书名中的“海药”相符。因此，可以说唐代外来香料的大量输入和利用促进了当时医药学的发展。

隋唐时期是中国外来香料传入的重要时期。隋朝在完成国家统一的基础上，通过设立商业管理和市监机构，加之开放政策和对外贸易的推动，促进了香料贸易的繁荣。隋炀帝和唐朝皇帝对香料的喜爱以及宫廷和朝廷的用香仪式，进一步助推了香料的传入和使用。在这个时期，香料不再像南北朝时期那样零星输入，而是成规模地大量进入中国。

唐代在隋朝制度的基础上，通过保障交通畅通、设立专门机构和采取保护外商政策，进一步加强了对外贸易与交流。唐朝还设立了市舶使来管理贸易事务，并规定外来商贩进贡龙脑香、沉香、丁香、白豆蔻等香料，对其中一部分征收税收。《册府元龟》的《外臣部·朝贡》篇中记载了大量的香料进贡情形，涵盖了各种香料和来自不同国家的进贡使节。

唐代航海技术的成熟和远洋航线的发展，为香料贸易的繁荣提供了支持。从广州出发，唐代的航线覆盖了林邑、新加坡、苏门答腊、斯里兰卡、印度、巴基斯坦、波斯湾、大食、坦桑尼亚等地，这些地区都是香料的主要产地。香料通过远洋航线被输送到中国的各大城市的药市，广州、泉州、扬州、长安、洛阳等地成为了香料的交易中心。

隋唐时期外来香料的输入与利用对医药学产生了重要影响。李珣等医药学家在香药的利用和研究方面取得了重要进展，他们的著作为后人对香料的了解和应用提供了宝贵的知识。此外，香料的大量输入也使中国成为日本的香料供应国。

隋唐时期的香料贸易不只是商品的交流，更重要的是文化的交融与互动。随着香料的传入，中国人开始广泛接触并了解外来文化（如印度、阿拉伯等地的风俗、宗教和艺术）。同时，中国的文化也通过香料和物产的输出传播到其他国家和地区，加强了中外文化之间的交流与融合。

隋唐时期的香料贸易对于中国的经济发展也起到了积极的推动作用。香料作为高价值的商品，带动了贸易活动的繁荣，促进了商业的发展和商人阶层的兴起。同时，香料贸易也刺激了相关产业（如运输业、加工业等）的发展，为社会创造了更多的就业机会和积累了更多的财富。

总体而言，隋唐时期的外来香料贸易对中国产生了深远的影响。它不仅促进了经济繁荣和文化交流，丰富了中国的药物资源和艺术文化，还推动了航海技术的发展和贸易制度的完善。这一时期的香料贸易为后来宋代香料贸易的兴盛奠定了基础，对中国的历史和文化发展具有重要意义。在隋唐时期，外来香料贸易的繁荣还对中国社会产生了其他方面的影响，具体影响如下。

首先，隋唐时期的香料贸易推动了海上交通和航海技术的发展。为满足国内对香料的需求，商人和航海家们积极探索海上航线，提高了航海技术和船舶建造水平。他们开拓了新的贸易路线，打通了中国与东南亚、南亚和西亚等地的联系，促进了跨国贸易的繁荣发展。

其次，隋唐时期的香料贸易推动了城市的繁荣和商业中心的形成。作为香料的集散地和交易中心，一些城市（如广州、泉州、扬州、长安等）成为繁忙的商业枢纽。商人、贸易商和外国使节源源不断地涌入这些城市，促进了城市经济的发展和繁荣。

再次，隋唐时期的香料贸易对中国的政治和外交关系产生了影响。随着香料贸易的兴盛，中国与东南亚、南亚和西亚等地建立了更紧密的贸易联系，促进了政治和外交的交流。外交使节的互访、朝贡贸易的进行以及文化的交流,加强了中国与周边国家之间的友好关系,维护了地区的和平与稳定。

最后,隋唐时期的香料贸易对于中国的社会文化产生了深远的影响。随着香料的引入,中国人的生活方式、饮食习惯和服饰风格等方面发生了变化。香料的使用成为一种社会风尚,香气弥漫的情景在宫廷、寺庙和民居中出现。并且香料的文化象征和精神寓意也渗透到诗歌、绘画、音乐和舞蹈等艺术形式中,丰富了中国的文化创作。

当时中国的香料生产主要集中在南方地区,尤其是岭南和海南岛等地。这些地区的气候和土壤条件适宜香料植物的生长,因此种植和采集香料成为当地居民的重要经济活动。中国生产的香料主要包括沉香、檀香、龙脑、白豆蔻等。

隋唐时期的中国香料出口主要面向东亚、东南亚和南亚等地。中国的香料通过海上贸易网络被运往日本、朝鲜、琉球、越南、柬埔寨、印度等国家和地区。这些国家对中国的香料非常珍视,将其用于宗教仪式、医药、香熏和日常生活等方面。

中国的香料生产不仅仅满足了国内需求,还在对外贸易中为中国带来了丰厚的经济收益。香料的高价值使其成为重要的贸易商品,带动了相关产业(如香料加工、运输和贸易中介等)的发展。同时,香料贸易也促进了海外贸易和文化交流,增强了中国与其他国家的经济联系和友好关系。

隋唐时期的香料贸易对中国社会产生了广泛的影响。它推动了经济的繁荣和城市的发展,促进了海上交通和航海技术的进步,拓展了中国与周边国家的贸易往来,丰富了中国的文化艺术和生活方式。同时,香料贸易也是中国对外交流的重要方式之一,促进了不同文明之间的相互了解和交流。

总的来说,隋唐时期的香料贸易在中国起到了促进经济发展、推动文化交流和加强外交关系的重要作用。它不仅丰富了中国的物质文化,也为中国赢得了声誉和地位,成为当时国际贸易中的重要参与者。

(四)宋元时期香料朝贡与贸易

在宋元时期,我国人民已经开始广泛种植芳香料。一首名为《买菊》的诗生动地描述了南宋时期的人家种植香花的情形。诗中描绘了老人山居,花绕房屋,南斋有杏花,北斋有菊花,以及杏花和菊花在不同季节绽放的景象。人们可以用百钱在咸阳市购买一株菊花。宋元时期,许多人以香为业,香料加工业与销售业蓬勃发展。如黄翁世代卖香,他收购香料原料,加工后出售。香市和花市也开始出现。不同月份有不同的市集,包括花市和香市。南宋时期的女子喜欢香花,临安城中有位美丽的周姓女子就喜欢买花。杭州的货船运输物品中也包括香料。香料在杭州市民的生活中非常受欢迎，对皇宫生活也影响深远，宫中夏日纳凉时会使用香料，宴会和祭祀中也大量用到香料，朝廷还设有香药局来管理香料。元代的宫廷也离不开香，各种仪式都少不了香的使用。虽然元代的香料贸易没有宋代繁荣，但宫廷内部仍有专门管理香料的机构。然而，中国本土香料无法满足宫廷的奢侈需求，因此需要从外地进口香料。

1. 域外香料朝贡状况

自商周以来，中原王朝认为自己居天人之中，是“天朝上国”，故自称“中国”“中华”，而周边乃至更远的地方皆是蛮夷戎狄居住的化外之地，这些地区与中原王朝的关系被自然而然地限定为自下而上的朝贡关系。朝贡，即外国君主定期或不定期地遣使向中国进贡檀香、沉香、丁香、安息香、象牙、玳瑁、犀牛角、工艺品、花梨木、紫檀木、苏木、乌木等物品。中国朝廷不干涉这些国家的内政，只需他们奉中国为正朔。因此，朝贡外交的实质首先表现为宗主认同外交，其目的只为造就“四夷顺而天下宁”。正如西汉董仲舒所言：“正其谊不谋其利，明其道不计其功。”对于肯称臣朝贡者，中原王朝或册封，或建羁縻州府，或仅止于朝贡往来。

试观正史外国传，与中国有朝贡关系且有土壤相连的西北陆路国朝贡最早。但自唐代安史之乱及五代之后，契丹、女真、蒙古国等北方少数民族相继崛起，宋代西北边疆动荡不安，战争频繁，政府禁止商人在西北边境开展贸易。同时，邻邦个别国家内乱甚至波及西亚一带，阻碍了陆路贸易，所以在整个宋代，对外通商交流以东南亚各国为主。盛产香料的东南亚和极少数的中西亚各国仰慕中国的强大，在寻求保护等观念的驱使下，向中国进贡以香料为主的土特产，以示臣服。朝廷信奉“宣德化而柔远人”“厚往薄来”等外交政策，回赠价值高于贡物的中国特产或金银珠宝。因此朝贡外交的实质也是金钱外交。

同时，为强化宗主国的地位，宋朝统治者甚至派人出使海外及邻国，游说这些国家向中国朝贡。宋代朝廷对朝贡的鼓励措施，使宋代异域官方进贡香料达 200 次之多，其中东南亚进贡香料的频率最高，进贡香料的数量居多，能考据到有确切品种、数量的约有 40 次。龙脑、沉香、豆蔻、丁香、砂仁等“南香”大量传入中国。《宋史》记载了 30 余种香料，荜拨、荜澄茄、莳萝、白豆蔻、胡芦巴等香料都是在宋代以朝贡的方式从印尼、越南、尼泊尔、斯里兰卡、爪哇、泰国、柬埔寨等东南亚国家首次传入中国的。

暂且不论域外朝贡，当时的天下兵马大元帅钱俶为感谢皇恩，多次大量进贡香料，建隆四年(963 年)进贡乳香、茶、药万斤；乾德元年(963 年)进贡香药十五万斤；开宝九年(976 年)进贡乳香七万斤、香药三百斤；太平兴国三年(978 年)又进贡干姜万斤、乳香万斤、香药万斤。这些香料都有其用处，除宫廷祭祀外，太医院、御膳房、宫廷宴会、宫廷赏赐都离不开香料，甚至朝廷用香料给商人抵充“刍粟(粮草)钱”。下面我们就香料给朝廷带来的利益进行探讨。

2. 香料贸易带来的经济利益

由于地理环境等因素限制，中国本土的香料资源相对有限。因此，大部分热带香料如龙脑、薰陆香、沉香、豆蔻和乳香等都是通过朝贡贸易的方式引入中国的。朝贡香料给朝贡国带来的利润远超过香料本身的价值，这使商人看到了商机。因此，每到朝贡的时候，就会有大批跟随朝贡队伍来到中国的东南亚商人。朝廷会有偿接收小部分朝贡香料，并在特定条件下允许东南亚商人将绝大部分香料与中国进行互市贸易，从中获利。这种贸易模式促进了香料贸易的繁荣。

随着航海技术的不断进步，中国东南沿海的众多港口相继对外开放，形成了繁荣的“海上香料之路”，大量异域香料输入中国。海外贸易成为宋朝与其他国家建立政治和经济联系的重要纽带。

根据《宋史》和《玉海》等文献记载，与宋朝进行贸易的除了那些与西南方接壤的国家和地区，还包括爪哇岛、苏门答腊岛和加里曼丹岛等更远的地区，而这些位于南亚的地区恰好是香料的产地。因此，宋代与东南亚的贸易逐渐从珍宝和犀牛角转向了香料。据记载，水路香料贸易量相当可观，陆路运输的香料每次约为 3 000斤，而水路运输则能达到每次 10 000 斤。为了加强对外贸易的管理，宋朝统治者在主要贸易港口设立市舶司，专门负责海外贸易事务。在开宝四年(971 年)，宋太祖在广州设立第一个市舶司，专门负责以香料贸易为主要业务的对外贸易。这一事件在《宋代广州的海外贸易》一书中有所描述。在宋太宗至哲宗年间(976—1100 年)，朝廷又在杭州、明州、泉州和密州分别设立了一个市舶司。市舶司的主要职责之一是征税，每当商船到达，其负责检查货物并征税，这就是所谓的“抽解”，实际上是一种实物税。由于宋朝受到辽朝和金朝的威胁，于建炎元年(1127 年)迁都临安(今杭州)，经济中心也逐渐南移，对海外贸易更加重视。根据文献记载，建炎四年(1130 年)泉州市舶司抽买乳香共计 8. 678 万斤，绍兴六年(1136 年)八月二十三日，朝廷从大食国抽解乳香的税款就达到 3 000 万贯。从宋初到淳熙末年，市舶司香料税收从约 1 600 万贯增加到约 6 000 万贯，增长了近三倍。

为了增加财政收入，朝廷将香料纳入“禁榷”和“博买”范围，旨在加价出售并获得垄断利润。“禁榷”是指国家专门买卖，不允许私人自行交易。“博买”则是指市舶司代表政府按市价收购部分利润空间较大的货物，然后送往榷易院加价出售，可获取更多利润。《宋会要辑稿》中记载着市舶司“遇蕃船回舶，乳香到岸，尽数博买，不得容令私卖”。绍兴二十九年（1159 年），宋高宗询问市舶司收入，得知“抽解”和“禁榷”两项收入总额达 200 万贯。

这种垄断性的买卖对于当时财政困窘的国库帮助很大。由于政府军费和官员俸禄开支巨大，每年还需支付沉重的“岁币”，宋政府财政压力沉重。与此同时，香料库存却相当丰富，并且还有扩大的趋势。香料库主要负责存放外国进贡、市舶司收购的香料和宝石等物品。宋代皇宫的香料库总共有二十八个库房。宋真宗赐诗称赞道：“每岁沉檀来远裔，累朝珠玉实皇居，今辰内库初开处，充牣尤宜史笔书。”北宋大中祥符五年（1012 年），为更好管理珍宝，库房得到重修和扩建，又增设了香料库、仪鸾司等库房，总共分为四个库：金银一库，珠玉和香料一库，锦帛一库，钱币一库。金银和珠宝有十种类别，钱币分为新旧两种，锦帛有 13 种颜色，香料 7 种品种。由于国库空虚，朝廷不得不变卖库存的香料来筹集军饷。例如，户部存储的三佛齐国贡献的乳香就有 9.15 万斤，总价值超过 120 万贯。度支郎中张运建议将这些香料分别送往江、浙等地进行销售，以筹集军饷。太平兴国二年（977 年），因国库空虚，朝廷变卖香料的情况已经发生过多次。当时香药库使高唐和张逊建议设立榷场局，稍微加价出售官库的香料和宝货，允许商人以金帛购买，每年可获得 30 万贯的收入用于国家开支。朝廷采纳了这个建议，并确实在一年内获得了 30 万贯的收入。

为扩大博买规模，宋政府还多次给市舶司拨款。乾道二年（1167 年），政府拨款 25 万贯，专门用于乳香的采购。对于在香料贸易中有功绩的官吏和商人，政府还给予加官晋级等奖赏。例如，规定福建和广东舶务监官在抽买乳香时，每达到百万两就可晋升一级官职。大食国的商人蒲罗辛运载乳香到泉州，抽解税款达到 30 万贯，因此被宋朝封授“承信郎”的官职。《泉州宋船香料与蒲家香业》一文中也提到，朝廷为鼓励香料贸易采取了一系列积极的措施。香料税成为宋代朝廷重要的财政收入来源之一，极大地刺激了香料贸易的增长。

总而言之，宋代的香料贸易对国家经济起到了重要的推动作用。朝廷借助税收、垄断等措施，确保自身在香料贸易中获得巨大的经济利益。然而，这也导致普通人难以获得香料，加剧了社会贫富分化的问题。香料贸易对于宋代来说是一项重要的经济活动，同时也反映了当时的国际贸易与政治的关系。

（五）宋代香料贸易对社会生活的影响

宋代香料贸易对经济和政治产生了重要影响。中国通过朝贡贸易树立了国力强盛的形象，并达到了政治上统一的目的。在朝贡物品中，香料是外国向中国进贡的主要物品之一，极具代表性。朝廷也对朝贡者予以丰厚回赐，这消耗了大量的黄金、白银、铜钱和绢帛。朝廷认为这些贡品是吸引外国并获取财富的手段，却导致大量财富外流。纯粹的朝贡外交是会给国家财政带来了负担的。尽管朝廷通过征税和垄断获得了大量利润，但最终这些费用都转嫁到了国内消费者身上，香料朝贡国官员和商人带走了黄金、白银和特产。

香料不仅在香化生活中有着重要作用，也在人们的日常生活中发挥着重要作用。这些从香料与医药、香料与饮食、香料与作物栽培等方面均可看出。因此，香料朝贡和贸易对宋代社会生活也产生了不少影响。

首先，许多中药方剂用到香料，促进了香疗法的发展，推动了香药贸易的繁荣。起初，这些香料作为异域特产传入中国，医生们发现这些植物散发出的芳香对人体有保健作用。一些中药方剂因添加异域香料而疗效显著提升，香料药用逐渐被医生和民众接受。医生们将使用方法、剂量和经验记录下来，域外香料在中国的最早记载通常出现在医药草本类书籍中。

香料在医药方面的应用，宋代最广泛。收录在《开宝本草》中的900多种药中有30种是进口香药。李昉等人编纂的《太平御览》专门有3卷是记录香料和相关典故的。《太平圣惠方》第40卷记录了多种香疗方法。《圣济总录》中的方剂中，使用香料制成丸剂、散剂和汤剂的非常多，如以木香、丁香制成的丸剂就有上百种，分散在各个领域。《太平惠民和剂局方》收录方剂788种，其中有275个应用香料的方子，约占35%；第10卷还收录有许多香茶、香汤和熏香的方剂。上述书经过不同朝代的修订，大部分方剂都保留使用香药。一些著名的方剂如苏合香丸、安息香丸、丁香丸、鸡舌香丸、沉香降气汤、龙脑饮子等一直沿用至今，香料对中国医药业的发展具有重要意义。

由此可见，宋代香药应用繁荣发展，推动了香药销售的兴盛。例如，在1076年设立的太医局熟药所每年获利达到2.5万缗，1103年熟药所达到五家，修合制药所达到两家，1144年改称医药惠民局与医药合剂局。当时，在京城太学南门街上有许多私营药铺，如极慈寺街上有百种园药铺、曹门街上的李生菜小儿药铺、仇防御药铺、牛行街上的下马刘家药铺、宜城楼的药张四家药铺等。《东京梦华录》中描

述了北宋汴京的饮食中常见的香药，如酒楼中有“厮波”供应果汁、斟酒、唱歌、献果和香药，摆卖有各种果子、香药、罐子党梅、柿膏、香药小圆等，以及端午节出售的粽子、白团、紫苏、香蒲、木瓜等以香药调味的食品。相国寺每月举办交易五次，展示书籍、艺术品、图画以及各种罢任官员带来的土特产、香药等物品。《清明上河图》生动描绘了北宋汴京“物阜民丰”的繁荣景象，对研究宋代社会生活、商业集市和水陆交通具有重要价值，尤其是对北宋医药文化有着独到的描绘。画中描绘了城市郊区的十字路口旁有一位老人摆摊，地上陈列着数十种药材，周围有十余人观看，展示了贩卖药材的传统形式。城区末尾的“赵太丞家”门前立有两大招牌，一为“大理中丸医肠胃冷”，一为“治酒所伤真方集香丸”。这些中丸和香丸都出自《太平惠民和剂局方》。十字路口南侧有一家大店铺，名为“王家罗锦疋帛铺”（“疋”通“匹”）。《东京梦华录》中还提到，在州桥东有李家香铺，在循廊西有多家香药铺，可见香料的种植和贸易相当集中。

除了香料，当时还有许多香料的回方剂传入中国。在波斯人拉施特主持编撰的《史集》中提到，有一些强烈的蒙古药剂被称为“合只儿”，这个名称来源于阿拉伯语中的“伟大”或“强盛”，显然这些药剂与域外医药有密切关系。《饮膳正要》《阿拉伯药方》等医学著作中都收录了许多阿拉伯方剂。阿拉伯医药中常用的药剂有糖浆制剂、果实浸剂等，它们是阿拉伯医生在中世纪药物实践中取得的重要成就。元代下令在闽浙、石南等地专门制造这类制剂，作为地方贡品供应宫廷。这些都反映了元代中外医药交流的丰硕成果。元代设立了六个阿拉伯式医疗机构，包括西城医药司、京师医药院、广惠司、大都与上都的回回药物院和药物局，这些机构都使用了由阿拉伯医生配制的药物。

其次，引入域外香料改变了以葱、姜、蒜等为主要调味品的饮食调味方式，实现了饮食调味的多样化。与先秦时期和汉唐时期的饮食调味文献相比，汉唐时期之后，用于饮食调味的香料种类大大增加。从《诗经》的记载可以看出，当时可用作调味料的只有桂、椒、蒿、芷等几种本土芳香植物。先秦时期的辛香蔬菜主要有芹、葱、蒜、韭、蒲等，芳香调料主要有酸梅、花椒、姜、桂、芥酱、葱、蒜、韭等，不但品种不多，而且这些芳香料在当时并不被普遍应用。汉唐之后，白豆蔻、肉豆蔻、胡椒、莳萝等东南亚香料的引入极大丰富了中国的饮食调料种类。到了宋代，中外文化交流加强，更多的香料传入我国，香料被研发出不同的使用方式。研究宋代饮食文献可以发现，与前朝相比，当时的饮食中更加注重香味和辣味。林洪所著的《山家清供》中详细记载了将胡椒、莳萝、茴香等东南亚香料作为调料使用的方法，书中还描述了将木香和其他香花加工后用作菜肴的情况。窦苹所著的《酒谱》首次系统地记载了使用豆蔻、沉香等东南亚香料制作香酒的典故和方法，使得香料的应用范围更加广泛。东南亚香料的引入对丰富中国的饮食文化和调整饮食结构起到了重要作用。

此外，一些香料植物因具有观赏价值和实用价值，被大量引种栽培。由于当时对白豆蔻、肉豆蔻、胡椒、荫萝等东南亚香料的需求很大，贸易供应有限且价格昂贵，人们开始尝试进行本土种植。宋达大规模种植香料的地方有广东、广西、海南、福建、浙江等地，已经实现了规模化生产的芳香植物有沉香、茉莉、降真香、排草香等。洪刍的《香谱》中提到的“香林”“香户”等词语，指的就是宋代广东、海南等地香料种植的情况。叶廷珪在其《香录》中记载了三种降真香，包括蕃降、土降和广降。从名称来看，东南亚传入的蕃降真香在宋代已经在福建等地大量种植，被称为土降或广降。《宋元方志丛刊》中的许多地方志都记载了香料种植和向朝廷进贡香料特产的情况，例如，《淳熙三山志》记载了湖南州产的干姜每年运送十万斤。干姜原产于东南亚的菲律宾、爪哇等国家，但在宋代已经引入福建并大量生产。原产于阿拉伯等南亚国家的茉莉，引入中国后因水土和气候的改变，变得更加芳香美丽。根据张邦基的《墨庄漫录》记载，当时茉莉已经在广东被用陶盎种植，成为了人们广泛种植的香花之一。

然而，香料的种植也带来了一些值得我们深思的问题和负面影响。首先，作为一种赋役，香料种植者需要向政府缴纳大量的香料作为税收，这无形中增加了他们的负担。《周志》中曾记载，有县令因为索取异香未果而处罚数人，许多香料农户用砍伐树木来摆脱赋役，给生态环境带来了不良影响。其次，由于种植香料可以获得更高的利润，人们大量种植香料而疏于种植粮食，对粮食供应产生一定的负面影响。此外，一些香料的采摘需要砍伐香木，而沉香等一些香木的生长周期很长，无法满足砍伐的速度。过度开垦土地又会引发水土流失，造成生态破坏。目前，一些香木树种（如沉香）由于历史时期的过度砍伐已经濒临灭绝，保护这些香木树种需要我们采取实际行动。

总而言之，宋代香料贸易对经济和社会生活产生了深远影响。在经济方面，通过朝贡和贸易，中国树立了强大的宗主国形象，增强了国力，实现了政治目的。然而，纯粹的朝贡外交也给国家财政带来了负担，且香料朝贡和贸易中的利润来源最终被转嫁给了中国消费者，导致大量黄金、白银、铜币外流。在社会生活方面，香料的引入促进了香疗法的发展，丰富了医药方剂，推动了香药贸易的繁荣。同时，香

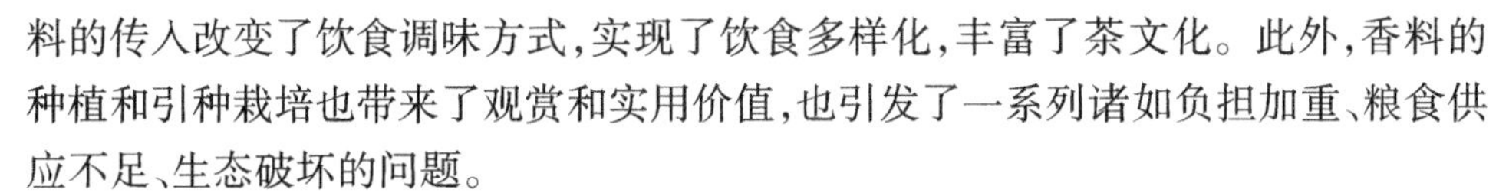

料的传入改变了饮食调味方式,实现了饮食多样化,丰富了茶文化。此外,香料的种植和引种栽培也带来了观赏和实用价值,也引发了一系列诸如负担加重、粮食供应不足、生态破坏的问题。

(六)明代香料朝贡与贸易

为了“宣德化,柔远人”,显示国力强盛并巩固宗主国地位,明皇帝七次派遣郑和出使西洋,不仅带回了无数的奇珍异宝与各地的特产,而且促进了繁荣的朝贡贸易。其中,沉香、胡椒、蔷薇水等香料是西洋地区的特产,因其朝贡量大、频率高,在朝贡过程中显得尤为引人注目。由于国内对香料需求量大,甚至形成了专门的香料贸易。

前人对明代的朝贡问题多有探讨,对明代香料贸易的研究也时有涉足。如田汝康的《郑和海外航行与胡椒运销》专门探讨了郑和下西洋带来的胡椒贸易。本节从明代对香料的需求入手,阐述了郑和出使西洋所到地区香料生产与贸易状况,探讨了香料朝贡贸易的实质,钩沉了香料朝贡贸易带来的民间香料贸易。

1.明代香料朝贡贸易的利益变更

西洋香料虽名贵,但中国却无产,郑和用中国名贵的特产(如瓷器、丝绸、茶叶等)或银两与他们进行交易,在交易的同时,宣扬了中国强盛的国力,传达了中国皇帝“怀柔远人”的精神。因仰慕中国的强盛,多数国家或地区都愿与中国建立邦交关系。为表示诚意,满剌加国王甚至亲自采办方物,携妻子,带领头目驾船跟随郑和的宝船赴明进贡;南浡里国王跟随船队,将降真香等物贡献于中国。爪哇、暹罗、旧港等国家或地区的国王或首领将香料等物差人贡奉到中国也是屡见不鲜的场景,为明朝中、后期中外香料贸易的发展奠定了基础。

朝贡贸易本质上是一种贡赐关系的贸易,本着“厚往薄来”的原则,明朝廷对进贡方都会给予一定的回报,这种回报可能是金钱或其他的物质赏赐。其实“厚往薄来”是明王朝的一桩赔本买卖,但郑和船队与西洋诸国的正常商业贸易却是大有赚头的。若非如此,朝廷也不会多次开展郑和下西洋的活动。在胡番之人的认知中,贡品香料的价值远远比不上赏赐物品的价值。如此合算的买卖,驱使朝贡方寻找诸如贺寿、贺登基、贺新岁、贺皇子诞生等各种借口朝贡,大量进贡香料。有具体数据记载的如洪武十一年(1378 年)彭亨国王的贡物中,有 2 000 斤胡椒、4 000 斤苏木,及檀、乳、脑等香药;洪武十五年(1382 年)爪哇的贡物中,有胡椒 75 000 斤;洪武十六年(1383 年)二月,占城国王遣臣进贡檀香 800 斤、没药 400 斤;洪武二十年(1387 年)真腊进贡香料 60 000 斤,暹罗进贡 10 000 斤胡椒、100 000 斤苏木;洪武二十三年(1390年)暹罗又进贡苏木、胡椒、降真等共计170 000斤。嘉靖二十一年(1542年)安南进贡60斤沉香、148斤速香、30根降真香。其他没有具体数据记载的香料进贡还有很多,进贡频率甚至达到了"胡人慕利,往来道路,贡无虚月"的地步。无度的回赐使国家储备大量消耗,朝廷不得不多次规定各国朝贡年限与制度。为了便于监督甚至规定了每次朝贡人数与路线:琉球国,"其贡二年一期,每船百人,不得越一百五十人。其道由福建达于京师";安南,"令申三年一贡……往来必由凭祥州镇南关";三佛齐,"其入贡自广东达于京师"。还有其他不少郑和曾经到达的国家也在规定之内。

明代皇宫库存香料之巨,我们还可从当时一些贪污香料事件看出,例如,嘉靖四十四年(1565年),供用库管库内臣暨盛等人谎报被焚香料至十八万八千余斤,实际这些香料有相当一部分被他们所贪污,后来被司礼监少监何进揭发;奸相严嵩家最后被抄出"哥柴官汝窑,象牙、玳瑁、檀香等器三千五百五十六件,沉香五千五十八斤,牺樽狮象宝鸭等炉一千一百二十七件",如果不贪污哪有这么多的香料和熏香器。由于国库堆满香料,统治者想出用香料做赐物和俸禄的办法。一方面既可以消耗了这些香料,另一方面又起到减少国库支出的作用,达到平衡收支的目的。《明宪宗实录》载:"天顺八年(1464年)八月甲辰,赏京卫官军方荣等,胡椒一千二百四十四斤,以造裕陵工完也""永乐二十二年(1424年)九月乙酉,赐汉王高煦、赵王高燧各胡椒五千斤、苏木五千斤;赐晋王济熺胡椒、苏木各三千斤"。《明仁宗洪熙实录》卷二中载:"赏旗军校尉将军力士等胡椒一斤苏木二斤,监生生员吏典知印人才天文生医士胡椒一斤,苏木二斤,城厢百姓、僧道、匠人、乐工、厨子等并各衙皂隶膳夫人等胡椒一斤,苏木一斤",甚而外地在京听选及营造的校军并各主府校尉人等各胡椒一斤,苏木二斤,朝贡公差在京的生员吏典胡椒一斤。《明武宗实录》卷六载:"弘治十八年(1505年)冬十月壬戌,赐隶王沉香片、脑木香、檀香诸药"。这种以物代钞的赏赐形式不仅显示了皇恩浩荡,同时在一定程度上缓解了国家的财政压力。

因香料贮备量大,明代朝廷甚至曾有一段时间用香料代替俸禄分发给官员。据史料记载,自永乐二十年(1422年)至二十二年(1424年),文武官员的俸钞已折合为胡椒、苏木,规定"春夏折钞,秋冬则苏木、胡椒,五品以上折支十之七,以下则十之六"。到宣德九年(1434年)又具体规定,京师文武官俸米以胡椒、苏木折钞,胡椒每斤准钞100贯,苏木每斤准钞50贯,南北二京官各于南北京库发放。正统元年(1436年)又把配给范围由两京文武官员扩大到包括北直隶卫所官军,甚至广

东、广西的部分官员，折俸每岁半支钞，半支胡椒、苏木。这种现象大概持续到京库椒、木不足才停止。这种以香料折俸禄的形式，不仅减轻了国库压力，还在一定程度上避免了当时的货币贬值，对抑制通货膨胀有所帮助。权衡利弊，明代香料朝贡贸易还是得到相当一部分官员的支持。

2. 香料朝贡贸易带来的民间香料贸易

试观正史文献，我们不难发现，香料无论在哪个朝代总是被列为“禁榷”物品，只有朝廷可以买卖，属于“帝室财政”的范畴。为了保证国家对香料的垄断经营，朝廷在各重要的沿海港口设置专门机构市舶司管理香料贸易，并禁止民间私自买卖香料，如有违规定，则要受到重罚。洪武二十七年(1394 年)甚至严令“禁民间用番香番货”“敢有私下诸番互市者，必置之重法”。但“禁番令”挡不住民间用番香的需求，贩卖香料利润空间较大。虽然政府明令禁止民间香料走私贸易，但在利润驱使下，时有冒死违反规定者。

走私香料的行为首先发生在外国朝贡人员身上。洪武二十三年(1390 年)，琉球国来贡，其通事(翻译官)私携乳香十斤、胡椒三百斤进京，被查获，理应充公，不过朝廷显示大国风范，“诏还之，仍赐以钞”。在朝贡过程中，这种夹带少量香料用以私下买卖的现象时有发生。更有甚者往往几个外国官员携带一点物品来华朝贡，随行的会有更多的商人、翻译官带着几船香料等番货，准备在民间交易，摆明了就是为了朝贡之外的民间贸易而来。《明史》载“永乐初，西洋剌泥国回回哈只马哈没奇等来朝，附载胡椒与民互市”，当时温州出现了买卖暹罗沉香诸物的人，官员认为是通番，但帝曰：“温州乃暹罗必经之地，因其往来而市之，非通番也”，饶恕了当事人。

外国人在中国进行的大量走私活动常常是与中国人相互勾结的，因为只有这样才能保证走私顺利。但是一旦被查出，外国人可能会被饶恕，中方人员就不可能像外国人那么幸运。嘉靖元年(1522 年)，暹罗及占城等国的海船运番货到广东，没有向官府报税，广东市舶司太监牛荣与家人蒋义山、黄麟等，私买胡椒、乳香、苏木等香货到南京贩卖，其中有值银三万余两的苏木 399 589 斤、胡椒 11 745 斤，被税司查出，牛荣等人被刑部审问，货物全被充公。刑部尚书林俊复疏言：“通番下海买卖劫掠有正犯处死，全家边卫充军之条；买苏木、胡椒千斤以上，有边卫充军、货物入官之条”。

走私香料的外国人并没有受到中方任何实质性的惩罚，禁止在民间买卖香料的规定对外国商人来说只是一纸空文，这助长了走私行为。到后来他们带来货物甚至会不告知官府，从当初遮遮掩掩的私自夹带到后来的公开大量走私，民间香料贸易在严厉的“禁番令”下始终零星存在着，似乎也符合情理。

由于香料贸易需求愈发强烈，到明朝后期，政府逐渐允许在广东、浙江、福建等沿海地区小范围内进行民间香料贸易，但要抽取重税以增加国库收入，即所谓“报官抽分”，直到万历四十三年(1615 年)，才“恩诏量减”。此时只要交了税，就可以买卖、使用番香，“禁番令”已形同虚设。据统计，万历年间，诸钞关折银 223 000 余两，甚至在庙中烧香也要交香税，其中泰山香税就有 20 000 余两。

政府与外国之间贡赐关系的贸易没有给朝廷带来丰厚的经济利润，只是满足了统治者的虚荣心与猎取奇珍异货的心理，给朝廷带来实际利润的还是因朝贡香料贸易引发的民间香料贸易。当然，由香料朝贡带来的香料贸易，其价值不能用单一的税收利润来衡量，其他正面的社会价值更是不可估量。

明代是继宋代以后，又一个香料传入的高峰期，其特点表现为传入量大、频率高、品种多，这与郑和出使西洋关系密切。据统计，元朝时期的贸易国有 140 多个，马可·波罗说，运到亚历山大港供应欧洲的胡椒只有运到泉州的胡椒的百分之一。到了明代，郑和七下西洋探索并到访了许多前代未知的香料产地，与中国交好的国家数量比元代更多。因此，运送到中国港口的胡椒等香料的数量成为一个不可计量的未知数。

郑和出使西洋，在宣扬德化的同时，也通过香料朝贡贸易，让域外香料生产地区看到了中国对香料的需求，促使他们纷纷带着香料之类的物产到中国进行朝贡贸易。据《西洋朝贡典录》记载，当时外国朝贡的物产中有一半左右是香料，这种繁荣的香料朝贡贸易增强了中国与世界的经济文化交流，扩大了当时中国在全世界的影响范围，使得香料将中国与世界联系到一起。

(七)清代香料朝贡与贸易

稀有昂贵的香料满足了王朝贵族统治者的感官享受。认可中国为宗主国的南洋邻邦，甚至更远的国家都乐意来华朝贡香料等贵重物品。但清朝中期以后，那些殖民势力控制了朝贡国，自此“万国来华朝贡香料”的盛况不复存在，取而代之的是由殖民势力控制的对华香料贸易。在中国延续了 1 500 年左右的外夷来华对宫廷朝贡香料的繁荣现象至此消失。粤海关与“十三行”就是康乾年间国际香料贸易的见证，它们给当局带来了可观的收益。不过，由于十八世纪后期国际殖民势力的扩张与清末国力的衰弱，盛产香料的南洋群岛与非洲索马里等地不再与中国有实质性的贸易往来。鸦片战争的爆发更是促使清末香料贸易就此式微。由于近代

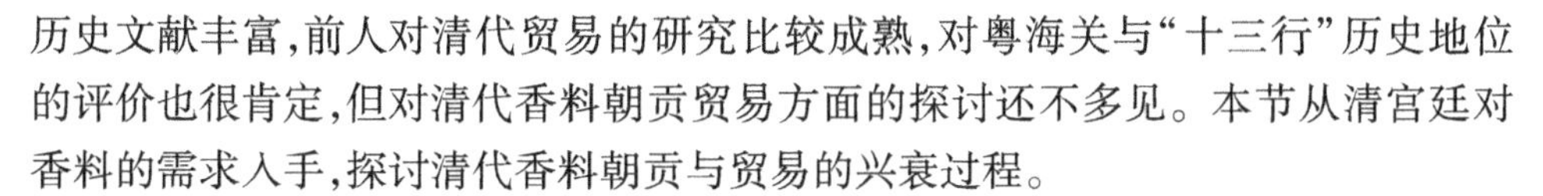

历史文献丰富，前人对清代贸易的研究比较成熟，对粤海关与“十三行”历史地位的评价也很肯定，但对清代香料朝贡贸易方面的探讨还不多见。本节从清宫廷对香料的需求入手，探讨清代香料朝贡与贸易的兴衰过程。

1. 海外贸易给清宫廷带来的香料与财富

面对海内外贸易需求，具有远见卓识的康熙帝于二十三年（1684 年）宣布废除“海禁”政策，二十四年（1685 年）分别在广州、明州、泉州和云台山设置粤海、浙海、闽海和江海四个海关进行对外贸易，这标志着中国海关制度的正式开始，结束了在中国延续了一千年左右的市舶司制度。后英国商人嫌广州贸易限制太严和“索费太重”，企图转浙海等另外三个海关贸易。清政府为加强防范，巩固国防，于乾隆二十二年（1757 年）撤销了浙海、闽海、江海三处外贸口岸，实行广州粤海关一口通商的外贸体制，直到 1840 年鸦片战争前。粤海关作为清政府设立的对外贸易重要行政机构，接替了历代市舶司管理海外贸易和征收关税事宜。清政府除在广州设立大关外，在广东沿海各岸分级设立了六个管理机构：澳门总口（检查外国商船往返贸易）、乌坎总口（惠州口）、庵埠总口（潮州口）、梅菉总口（高州口）、海安总口（雷州口）、海口总口（琼州口），在大关和总口之下还设有若干小口。粤海关的重要地位，是由其地理和历史因素决定的。广州位于珠江三角洲地区，西江、北江、东江在此交汇，面向南海，交通便利，是海上丝绸之路必经之处，而且通往东南亚、南亚、西亚、非洲、欧洲的船程，比我国其他沿海港口近。据《汉书》《后汉书》记载，当时岭南已同印度地区开展贸易，并通过印度半岛南部与安息（伊朗）、大秦（古罗马帝国）进行间接贸易。著名德国东方学者夏德（F. Hirth）说：“中国与罗马等国贸易，自 3 世纪以前，即以广州及其附近为终止点。”

由于清政府当时的外贸体制没有很成熟，无力接待外来商船。1686 年，粤海关官府招募了十三家较有实力的商行，负责与洋船上的外商做生意并代海关征缴关税，代理海外贸易业务，俗称“十三行”或“洋十三行”。商行数量变动不定，少则 4 家，兴盛时多达 26 家，但“十三行”已成为这个商人团队约定俗成的称谓。由于享有海上对外贸易的垄断特权，凡是外商购买茶叶、丝绸等国货或洋货销往内地，都必须经过该官办牙行——“十三行”，可以说，“十三行”是清王朝的外贸特区。外夷商船到广州贸易时，先在黄埔停泊，由粤海关丈量船货，交纳关税后再雇请通事及引水员，然后进入广州贸易区十三行商馆区。十三行商馆区是清朝政府特许开设的让外国商船在此靠泊、外国商人在此居住并与中国商人进行贸易的特区。这一区域一度成为清政府接受国外政治、经济、文化冲击和影响的窗口，亦造就了广州西关地区独特的、中西合璧的商贸文化。有专家认为,“十三行”就是西关乃至近代广州繁荣的历史源头,繁荣的西关商贸与“十三行”对外贸易的历史一脉相承。

广州商贸繁盛素有“金山珠海,天子南库”之称。从乾隆、嘉庆、咸丰等朝粤海关监督奏报有关解交的清单中,可知贸易税收确不是小数目。乾隆初年,“十三行”海外贸易关税收入,每年除支付军饷、衙役差饷开支外,仍有盈余50多万两上缴朝廷。屈大均在他的《广州竹枝词》里写道:“洋船争出是官商,十字门开向二洋(东西二洋)。五丝八丝广缎好,银钱堆满十三行。”彼时的“十三行”,富可敌国。洋船到粤的数目,直接影响到粤海关的税收。从乾隆十四年(1749年)至道光十八年(1838年),外国商船进入广州港总数达5 390艘,英国商船来往最多,美国次之。每年大约有30多艘船只经广州出海贸易到南洋一带。据《粤海关志》等文献记载,乾隆五十六年(1791年)贸易税收约113万两银子,嘉庆十年(1805年)贸易税收约164万两银子,道光十七年(1837年)贸易税收约124万银两,“十三行”为清朝政府贡献了40%的关税收入。

亚洲、欧洲、美洲的主要国家和地区都与“十三行”建立了直接的贸易关系,大量的茶叶、丝绸、陶瓷等商品从广州运往世界各地。同时,香料、染料等物品也从该关口销往全国。

粤海关与“十三行”还承担着除贸易之外的皇宫采办的任务,皇室所需的日用洋货大多来源于此,是清宫廷唯一可以依赖的特殊商品供应地。洋行每年为宫廷输送洋货,时称“采办宫物”,其中多为紫檀木、香料、象牙、珍琅、鼻烟、钟表、仪器、玻璃器、金银器、毛织品及宠物等。雍正七年(1729年),“十三行”奉命采购内廷配药所需的稀有洋货——伽南香40斤,承办者无不谨慎行事,一个月后,终于买足凑齐。乾隆三十年(1765年),军机大臣传来的一道谕旨,要求广州“十三行”为宫廷内务府采办进口紫檀木7万斤。此外,为皇帝大婚筹办皇后妆奁也是“十三行”的任务之一,因为皇后的妆奁并不由其母家备办,而是由朝廷统一筹办,她的娘家乃至整个皇宫、京城都不可能承受如此宏大规模的妆奁,必须调动一国上下的力量共同筹办,甚至去国外采办,例如,皇后妆奁中的紫檀器物就都是由“十三行”在海外采办的。由此可见,粤海关与“十三行”属于“帝室财政”的范畴,香料贸易给清宫廷带来了一笔不菲的财富。

2. 清代香料贸易的衰落

回顾清代香料贸易的状况,外夷来华的数量在康乾时期达到鼎盛,但其来华频率到道光时期以后突然稀少,到清末期更是零星可数。这固然与清代闭关锁国的政策有关,但也有清代后期国力衰弱,以及国际殖民势力在东南亚与非洲的扩张,他们用武力控制着有限的海外香料资源,切断来华的海路,阻止被他们殖民的国民来华朝贡的原因。

航海技术的成熟,为西班牙、葡萄牙、荷兰等西方国家开辟海路来到东方掠夺香料等资源提供了条件。葡萄牙航海家帝亚士(Bartholmeu Dias)于明成化二十二年(1486 年),发现了好望角。14 年以后,明弘治十一年(1498 年),甘玛(Vasco de Gama)率领小舰队直抵葡人百年努力的目的地印度。在印度西边的各海口,甘玛采买了印度土产如珍珠、胡椒、细布,以及香料群岛所产的香料,满载而归。这一次的贸易甘玛获利六十倍。弘治十五年(1502 年),甘玛又第二次率领远征队到印度,他带到东方的资本约值二百四十万法郎,归国后,带回去的东方货物变价到一千二百万法郎。在高额的利润面前,这些西方列强疯狂了,他们决定侵占这些资源丰富的东方国家,把他们变为自己的殖民属国。例如,盛产苏木、豆蔻、降香、革茇之类香料的南洋岛国苏禄"独慕义中国,累世朝贡不绝",因西班牙占据了吕宋(菲律宾),欲把苏禄变为属国,苏禄不从,于是西班牙"以兵攻之,为所败"。从此苏禄屈服于西班牙的殖民统治,再想来中国朝贡已很困难,更遑论在清朝国势衰微之际前来。窥一斑而探全豹,由此可以找到明末到清中期以后外夷来华朝贡香料逐渐减少的主要原因。殖民势力牢牢控制了南洋群岛的香料贸易,他们把香料运到中国沿海港口进行交易。例如,明代嘉靖年间,葡萄牙人租占澳门,在清康熙二十年(1681 年)得到与广州通商的权利,他们从广州把中国茶叶、丝绸、瓷器等农副产品、手工业产品运往日本、南洋、印度及欧洲贩卖,同时又把南洋的香料、药材等物及欧洲的物产运到广州行销中国。这也就成全了粤海关与"十三行"繁荣的海外香料贸易。

就在粤海关与"十三行"的贸易如火如荼地进行时,一股暗流正悄然涌动。1840 年 6 月,第一次鸦片战争爆发。《南京条约》签订后,清政府下令行商偿还 300 万银元的外商债务,更关键的是,沿海五口通商的实行让广东失去了在外贸方面的优势,"十三行"所享有的特权也随之结束,许多行商在清政府的压榨下纷纷破产,盛极一时的广东"十三行"开始逐渐没落。第二次鸦片战争爆发后,一场突如其来的大火降临"十三行"街。在这场大火中,"十三行"街上的外夷商馆一夜之间化为灰烬,烧毁洋行 11 家,毁掉白银 4 000 多万两。大火 7 天不灭,洋银熔入水沟,长至一公里,火熄后结成一条银链。鸦片战争是导致"十三行"破产的导火索,战火让

17—19 世纪初的东方贸易中心——广州“十三行”衰败，“十三行”独享外贸特权 170 多年的历史就此划上句号，繁荣的中外香料贸易就此消失。

清代香料朝贡与贸易的兴衰是历史发展的必然结果。随着清帝国的没落和列强的崛起，曾经的清帝国再也无力展示他泱泱大国的风范，腐败封建制度的僵硬、清廷的没落和国力的下降是清代香料朝贡与贸易终结的根本原因。

总体说来，宫廷对香料的奢侈需求，以及医药、宗教、饮食、熏香中对香料的利用是促使封建时期香料朝贡贸易繁荣的根本。但是香料朝贡贸易牵涉问题还很多，本章节所探讨远远不够。例如，佛教兴起以后，焚香礼佛、祭天祀祖消耗香料达到什么程度？香料传入对中国古代文学、艺术、社会生活有什么影响？香料输入与域外植物移植中国有何关系？尤其重要的是当时输入的香料，在植物学上的种属如何，现在产于何地？凡此种种，都难以立即得出结论。就这些问题，笔者将在以后的研究中作出考证与解释。

第四章　现代香精香料在日常生活中的应用

一、化妆品类香精香料

化妆品包括多个类别的产品,根据功能和用途的不同,可以分为以下几类。卫生类包括香水、花露水等产品,用于增加身体的清新香气,提升个人魅力和自信心;美容类包括胭脂、胭脂膏、面膜、化妆水、口红(唇膏)等产品,用于修饰容颜,突出面部特征,让肌肤更加亮丽动人;护肤类包括香脂、香膏、冷霜、护肤霜等产品,用于保养和滋润肌肤,改善肌肤质地和肤色,延缓衰老过程;发用类包括发乳、发油、整发料、发蜡、发胶、护发素等产品,用于发型设计和发质护理,使头发更加健康、有光泽;药物类包括人参霜、银耳霜、灵芝霜、丹参霜、蜂乳霜、参茸护肤霜等产品,融合了药物成分,具有滋补、抗衰老、舒缓等特殊的功效。化妆品的种类繁多,原料也各不相同。其中,以香料为主要成分的产品(如香水、香膏、香油、花露水等)被称为香妆品。香料在化妆品中起着提供香气、增加愉悦感和舒适感的作用。化妆品的香料必须具备安全性,经过长期使用后,不能对皮肤产生刺激、过敏、色素变化、积累毒性或引发疾病等不良反应。

不同种类的化妆品对于所使用的香料类型和配比也有不同的要求。下面将介绍主要的化妆品类别以及所使用的香料。香水:香水的制作中使用多种香料,如花香、木香、果香、香草香等,通过合理的配比调配出不同的香调。护肤品:护肤品通常使用清新、淡雅的香料,以避免对肌肤造成刺激。彩妆品:彩妆产品如唇膏、眼影、腮红等,通常使用香料来增添产品的吸引力和舒适感。在彩妆中,常见的香料包括水果香调、花香调和香草香调等,以营造出迷人的妆容效果。洗护品:洗发水、沐浴露、洗面奶等洗护产品,通常会添加清新、清爽的香气,令使用者在洗护过程中有愉悦的感觉。洗护品常用的香料包括柑橘香调、薄荷香调和草本香调等,为洗护体验增添一份清新与舒适。口腔护理品:牙膏、漱口水等口腔护理产品,常使用清凉、薄荷味道的香料,帮助提升口腔清新感和清爽口气。

(一)香水

1. 香水的起源与发展

香水作为化妆品的代表物品,早在16世纪就开始出现,并在世界范围内享有盛誉。其中,科隆香水(源自德国城市科隆)、西普香水(Chypre,源自法国城市)以及葡萄牙香水等,以其独特的调香方式和卓越的品质一直受到人们的喜爱。

2. 香水的原料

香水的主要原料包括香精、酒精、色料和水。香精是香水中最重要的成分,它要求香气优雅持久,不刺激鼻腔,香味稳定且突出。香精的配制是一门艺术,与人们的情绪紧密相连。香水总体上可分为花香型和情感型两大类。花香型香水以自然界的香花为基调,模仿自然界中的花香进行调配,既有单一花香的单香型,如玫瑰香、茉莉香、晚香玉香等,也有多种花香交织而成的复香型,如百花香型,能散发出多种花香的迷人气息,使人仿佛置身于花海之中。情感型香水又称幻想型香水,有的是模仿现实物体调配成的,有的是调香师根据自己幻想中的优雅香味调制的,展现了其对森林、原野、景色等方面的想象。例如,以檀香为主调的东方香型在中国、日本、印度和东南亚等地深受喜爱;而飞蝶型则散发出昆虫、植物等所具备的芳香,给人以彩蝶飞舞、花香齐飘的美妙感受。

香水中的酒精主要用于溶解香精,以释放出香气。酒精的选择要求不含有刺激性强的醛类物质,而且要以高级醇为主。首选的酒精是纯商业级酒精,经过精制的醇类酒精也符合要求。玉米酒精经过精制也可以使用。而马铃薯酒精和红薯酿制的酒精质量较差,一般不作为香水的选择。最常用的是药用酒精。如果购买的酒精有异味,可以采取以下方法进行提纯:首先,缓慢通过活性炭过滤酒精;其次,将银板悬挂在酒精中数小时,以去除硫化物等有臭味的化学物质;最后,向酒精中加入适量1% ~5%的苛性碱溶液,使醇类和酮类沉淀,静置24小时后蒸馏。测试酒精的纯净度,可以将等量的酒精与1/5容积的蒸馏水混合,然后倒入手掌中摩擦搓揉,如果酒精中含有杂质,如杂醇油或类似物质,就能嗅到异味。另外,也可以通过将稀释过的酒精倒在大块滤纸上,等待其挥发后检查滤纸上是否有残留的异味来判断纯度。

至于香水的色料,一般使用淡黄色,有需要时可以适量添加色料。但是,天然香料本身就带有一定的颜色,例如,用水蒸气蒸馏获得的玫瑰花精油呈浅黄绿色,而使用有机溶剂提取的花精油(如茉莉、晚香玉、水仙等)则呈深褐色或浅绿色。不同调香配方也会产生特殊的色调。因此,一般情况下,香水几乎不需要额外着色。

至于水的选择，以蒸馏水为最佳，去离子水也可以使用，有时也会使用矿物质含量较低的自来水。

3. 香水的制作过程

香水的制作过程包括以下步骤：

①香精调配：根据香水的香调风格，将不同的香精按照特定比例混合调配，以达到预期的香味效果。

②酒精溶解：将调配好的香精加入适量的酒精，搅拌均匀使香精充分溶解于酒精中，形成香水的基础。

③熟化和陈化：将混合好的香精和酒精溶液密封储存，放置在阴凉、干燥的环境中进行熟化和陈化。这个过程通常需要数周甚至数月的时间，让香精与酒精充分融合，让香味更加浓郁、稳定和持久。

④调整和稀释：经过熟化和陈化后的香水可能会过于浓郁，可根据需要进行适当的稀释和调整。可以通过添加适量的酒精或水，获得期望的浓度和香气强度。

⑤过滤和澄清：通过过滤和澄清的步骤，去除香水中的杂质和悬浮物，使香水更加清澈透明。

⑥瓶装和包装：将处理好的香水倒入瓶中，并进行相应的瓶身设计和包装，使其更具吸引力和商业价值。

4. 香水的品质评价

香水的品质评价主要围绕香气、持久性、稳定性和配方创新等方面展开。一款优质的香水应具有优雅而持久的香气，香味在皮肤上保留时间较长，不易挥发。同时，香水的香气应该是稳定的，不受环境影响，不会随时间变化而产生异味。创新的配方设计可以给香水增添独特的特色和个性，使其在市场竞争中脱颖而出。

除了香气和稳定性，香水的原料选择、制作工艺、品牌声誉和包装设计等也是评价香水品质的重要方面。

综上所述，香水作为化妆品的代表物品，经历了漫长的发展历史。其主要原料包括香精、酒精、色料和水。制作过程涉及香精调配、酒精溶解、熟化和陈化、调整和稀释、过滤和澄清，以及瓶装和包装。香水的品质取决于香气、持久性、稳定性和配方创新等方面，并受到原料选择、制作工艺、品牌声誉和包装设计的影响。

（二）香粉

1. 香粉在不同文化中的应用

香粉作为一种化妆品，在历史上扮演了重要的角色，并在不同的文化中具有不同的意义和应用方式。古代社会中它被广泛使用,涵盖了美容、仪式和社交等多个方面。

在古埃及,香粉对于法老和贵族来说是至关重要的美容品。古埃及人相信,保持皮肤光滑和美丽的重要方法之一就是使用香粉。他们使用各种香料、花朵和草药来制作香粉,用于护肤和装饰。古埃及的法老们经常使用香粉来保持肌肤的光滑和滋润,同时还希望通过香味来取悦神灵。

古希腊和古罗马时期,香粉在社交场合中扮演着重要的角色。在那个时代,人们注重个人卫生和美容,并将香粉作为日常生活的一部分。洗浴后,他们会将香粉撒在身上,以提供清新宜人的香气,并为社交活动增添魅力。这种使用香粉的习俗在贵族和上层阶级中尤为盛行,他们将香粉视为身份地位和优雅的象征。

在中国,香粉制作技艺在宋代达到了巅峰。在这个时期,中国的香粉制作经历了繁荣和发展。人们对香料的使用非常讲究,创造了各种不同的香粉配方和应用方法。宋代的香粉以其独特的芳香和优雅的味道而闻名,被广泛用于宫廷、宴会和文人雅士的生活中。

在日本,香粉也被广泛应用,并在日本文化中扮演着重要的角色。日本的香粉制作技艺源远流长,被称为"香道"或"香艺"。在日本,香粉通常由天然动植物材料如檀香、龙涎香和花卉提取物制成。这些材料经过精心研磨和混合,形成各种香气独特的香粉。在日本传统文化中,使用香粉是一种仪式和审美的体验。奉行茶道的茶室通常会散发着淡雅的香气,而香粉则被用来增添这种氛围。茶道的参与者会将香粉涂抹在手腕或颈部,以感受香气的细腻和持久。此外,香粉还在传统的日本舞蹈和戏剧中使用,以营造特定的氛围和表达角色的情感。

在印度文化中,香粉是印度宗教献祭和祭祀的一部分。印度教徒相信香粉的香气可以吸引神灵,并向神灵传达敬意和虔诚。此外,印度的阿育吠陀医学也使用香粉作为一种自然疗法。不同的植物材料和香料被制成香粉,用于促进身体和心灵的平衡和治疗。

2. 香粉的制作

在制作香粉的过程中,香精香料起着至关重要的作用。香精香料是赋予香粉独特香味的关键成分,决定了香粉的气味特点。选择和使用合适的香精香料需要考虑多个因素,其中包括稳定性、相容性和安全性。

香精香料必须具备良好的稳定性,以确保在香粉的整个使用期间能够持续释放出香味。香精香料应能够抵御时间和环境因素的影响,保持其原始的芳香特性。

这意味着香精香料需要具备较长的持久性，不会随着时间的推移而逐渐减弱或改变。此外，香粉在不同的环境条件下也要能够保持稳定，例如，在高温或潮湿的条件下仍能保持香味的稳定性。

香精香料需要与香粉中的其他成分相容。在香粉的制作过程中，可能会使用各种化学物质，如吸油剂、颜料、稳定剂等。所选择的香精香料应与这些成分相互配合，不会引起不必要的化学反应，进而影响香粉的质量和稳定性。例如，某些香精香料可能与特定的吸油剂产生相互作用，导致香粉的质地或性能发生变化。因此，在配方设计中需要谨慎选择相容性良好的香精香料，确保各成分之间的协调与稳定。

安全性是选择香精香料时必须高度关注的因素。由于香粉直接接触皮肤，所选择的香精香料必须经过严格的安全评估和测试，确保其不会对使用者的皮肤造成刺激、过敏或其他不良反应。在香粉生产过程中，厂家通常会对香精香料进行严格的测试和质量控制，以确保其符合相关的安全标准和法规。这些测试可能包括皮肤刺激性、皮肤敏感性和过敏原性等方面的评估，以确保香精香料的安全性和用户的健康。

消费者的喜好也是选择香精香料的重要因素之一。不同的人对香味有不同的偏好，有些人喜欢花香的甜美和浪漫，如玫瑰、百合香；而有些人则更偏爱清新的果香，如柑橘、草莓。在制作香粉时，可以根据目标受众的喜好和品牌定位，选择适合的香精香料，以创造出符合消费者喜好的香气。定制化的香粉配方能够满足不同用户的需求，增加产品的市场吸引力和竞争优势。

香粉制作中香精浓度也是需要注意的因素之一。香精浓度决定了香粉所释放的香味强度和持久性。根据不同的使用场景和受众需求，香粉的香精浓度可以有所不同。一般来说，香粉的香精浓度在0.4%—1.0%之间。在这个范围内，香粉能够提供足够的香气，令使用者感到愉悦，同时也不会过于浓烈或压倒其他香粉成分。对于儿童香粉而言，由于儿童的皮肤更为敏感，需要更加小心谨慎。儿童香粉通常会采用较低浓度的香精，大约在0.2%左右，以减少对儿童皮肤刺激的风险。

3. 香粉在口红中应用

香精香料在口红中的应用，不仅可以提供愉快的感官体验，还可以提升产品的整体吸引力。口红中常见的香味包括各种水果香（如草莓、樱桃、柑橘等）、花香（如玫瑰、茉莉、薰衣草等）以及一些甜味香料（如香草、巧克力、焦糖等）。

在配方设计中，香精通常在口红制作的最后阶段加入。首先，将蜡类、油脂类和色素在适当的温度下融化混合，然后加入香精，最后将混合物倒入模具冷却固化即可。

这里介绍一个加入香精的简易口红配方：

白蜂蜡33%，鲸蜡醇12%，芝麻油20%，麻油29%，劳香油2%，酸性曙红4%，香精0.2%—0.5%。

制作方法：

将酸性曙红溶于麻油中。在另一个容器中，将白蜂蜡、鲸蜡醇和芝麻油混合，加热融化后将两者混合，然后加入劳香油。最后，在混合物中加入适量的香精，混合均匀。将混合物倒入口红模具，冷却固化即可。

（三）护肤香膏、香霜

各种膏霜类化妆品都是护肤的常用品，花色品种繁多。按结构归纳分为“水包油型”（O/W）和“油包水型”（W/O）；按用途来归纳有一般性制品、药用性制品和营养性制品三种。它们都要加入一定的香料。下面介绍一些代表性的品种。

1.雪花膏

雪花膏以形似白雪而得名，特点为滋润而不粘，舒适滑爽，不带油腻性。涂在皮肤上，可防燥裂。一般说来，雪花膏由硬脂酸、单硬脂酸甘油酯、甘油、氢氧化钾、香精和60%—80%的水分所组成。通过乳化作用，将脂溶性物质均匀地分布在甘油和水中，构成水包油型乳化体系。通常的生产过程为：原料加热、混合搅拌、冷却加香料，静置、灌装。在此过程中，加热与混合能使部分硬脂酸与氢氧化钾起皂化反应，生成乳化剂，使体系乳化。

雪花膏的配方在有关化妆品的书籍中多能见到。例如，氢氧化钾制的雪花膏为：硬脂酸14%，甘油18%，氢氧化钾（波美度13°）4%，水63%，香精1%。也可用如下的配比：硬脂酸13.5%，甘油5%，氢氧化钾4.6%，水76.1%，香精0.8%。制造过程为将硬脂酸和甘油加热至90 ℃溶解。将水和事先配好的氢氧化钾水溶液混合，温度也保持90 ℃。将加热的硬脂酸和甘油经过滤后，倒入搅拌槽内搅拌，同时徐徐加入预热过的氢氧化钾水溶液。待温度到55 ℃—60 ℃时，加入香精，继续搅拌至温度为50 ℃时停止搅拌。膏料温度降至40 ℃左右后开始装瓶。香料的选择要求不影响乳化的稳定性，常用各种花香型，赋香率一般在0.5%—1.0%。

在配方中若使用脂肪醇、甘油酯、多量的甘油、羊毛脂及氧化钛等香粉原料，即配制为粉底雪花膏。它具有雪花膏和香粉的双重效能，可滋润皮肤，防止皮肤皲裂，对面部小缺陷起遮盖作用，且耐寒性能好。若加入与肤色相近的色颜料，最宜用作粉底。若在雪花膏中加入药物成分，即制成药物雪花膏。根据所添加的药物

种类,对皮肤可起各种作用,如脱色、防晒、消炎杀菌以及抑制雀斑、蝴蝶斑、粉刺等皮肤问题。

在雪花膏体中,配入柠檬酸、蜂王浆和珍珠粉等营养性物料,使其含有多种维生素、叶酸、泛酸、肌醇、蛋白质等等,这类雪花膏称为营养性雪花膏。珍珠霜是最新的高级营养性雪花膏,珍珠里含人体所必需的八种氨基酸和数十种微量元素,对消除皮肤暗疮、嫩艳肌肤、防止衰老都有效果。手用雪花膏有防止手、脚皲龟裂的作用,能给予皮肤适当的水分和油分。乳化剂可用阴离子活性剂,也可用非离子型活性剂,形成水包油型的乳化体系。香料的添加量较低,常为0.1%左右。

2. 香脂(冷霜)

香脂是一种含有香气的油脂性膏体,搽在皮肤上,能引起舒适、微冷的感觉,所以又称为"冷霜"。香脂的主要原料是白油、凡士林、硬脂酸、地蜡、碱类、水和香料。主要的制造工序是油、蜡加热溶解至70 ℃(油相),碱类溶于水,加热,保持70 ℃(水相)。边搅拌边徐徐加水相于油相,进行反应。反应完毕后用乳化器均匀乳化,然后充分搅拌冷却至50 ℃,加入香精、防腐剂等,再冷却到30 ℃进行灌装。冷霜同雪花膏一样,也是一种乳化体。但它不同于雪花膏的是含油脂比例大,结构上是油包水型的,属于油腻性润肤膏。而雪花膏含油脂比例低,水包油型,无油腻性。香脂或冷霜对皮肤的滋润作用和保护作用,优于雪花膏,但在天气较暖的季节里使用起来不如雪花膏那样清爽。现代的化妆品大部分含油脂比例较高,所以冷霜也非常广泛地用于按摩或化妆前的皮肤调整。还可添加各种药剂或营养物,成为专门用途的药物霜、营养霜。

新出现的一些冷霜配方以蜂蜡、扁桃油等为油相,硼砂溶液、玫瑰水等为水相,混合乳化。蜂蜡中的二十六(烷)酸以游离状态存在,与硼砂生成氢氧化钠和二十六烷酸钠,这就是乳化剂。这种乳化剂在水相少、高温时,是油包水型,在水相多、低温时是水包油型。用于赋香的香料要求香气优雅,应慎重选择。赋香率一般为0.5%—1.0%。

油包水型按摩冷霜配方实例:固体石蜡6.0%,微晶石蜡4.0%,蜂蜡6.0%,凡士林12.0%,液体石蜡44.5%,山梨糖醇酐倍半油酸酯3.2%,聚氧乙烯(20克分子)山梨糖醇酐单油酸酯0.8%,皂粉0.3%,精制水22.7%,香料0.5%,丁基羟基甲苯、硼酸等适量。

油包水型营养霜配方实例:微晶石蜡11.0%,蜂蜡4.0%,凡士林5.0%,加水羊毛脂7.0%,异三十烷34.0%,十六基乙二酸酯10.0%,甘油单油酸酯3.0%,聚氧乙烯(20 摩尔)山梨糖醇酐单油酸酯 1.0%,丙二醇 2.5%,精制水 22.0%,香料 0.5%,丁基羟基甲苯和五倍子酸酯类的混合物、硼酸等适量。

3. 软质雪花膏——蜜类

蜜类护肤品包括乳液、杏仁蜜、柠檬蜜、玫瑰蜜等。它们分别以花香、杏仁香、柠檬香、玫瑰香等香型而得名。它们的配方、性能基本相近,都是略带油性的半流动状态的软质雪花膏,属于水包油型乳化体系。它们质地细腻,稠度似蜜,比雪花膏更轻盈清爽,更加舒适滑爽,不论男女,四季皆宜,对滋润皮肤,隔离干寒气候都有良效。调制的主要原料为硬脂酸、蜂蜡、单硬脂酸甘油酯、聚合甘油硬脂酸酯、十八醇、羊毛脂、白油、甘油、三乙醇胺、十二醇硫酸钠、去离子水、香精、防腐剂(如苯甲酸及其盐类、水杨酸及其盐类、硼酸、尼泊金及其酯等等)、色料等。下面列举两个配方和制作实例。

乳液配方实例:硬脂酸 2.5%,十六醇 1.5%,凡士林 5.0%,液体石蜡 10.0%,聚氧乙烯(10 摩尔)单油酸酯 2.0%,聚乙二醇 3.0%,三乙醇胺 1.0%,去离子水 74.5%,香料 0.5%,防腐剂适量。

制法:去离子水中加聚乙二醇、三乙醇胺,加热溶解,保持 70 ℃(水相)。使其他成分混合,加热溶解,保持 70 ℃(油相)。将油相加入水相,先预乳化,再用乳化器均匀乳化,然后搅拌冷却至 30 ℃。

4. 儿童乳液配方实例

烷基磷酸酯 3 份,硬脂酸 2.5 份,十四酸异丙酯 4 份,轻矿油 2 份,甜柠檬油 3 份,油醇 1 份,丙三醇 3 份,蒸馏水、香精、防腐剂适量。制法同上述乳液,按水相、油相分别加热溶解,再进行乳化。蜜类的香料要选择香气纯和、主香突出的香精,无不良气味。赋香率为 0.5% 左右。

5. 清洁霜和清洁蜜

此类护肤香品具有滋润皮肤,清除皮肤上的污垢的双重作用,为妇女、演员所喜爱。它们都基于矿物油对油污有溶解性这一原理,以白油为主料,再加入蜂蜡、羊毛脂及其他脂肪酸和酯类乳化而成。清洁霜多为油包水型,清洁蜜多为水包油型。香料一般不用单一花香型,而使用玫瑰为基调的花簇香型。赋香率为 0.15%—0.6%,加入的香料要求不影响乳化体系的稳定性。

清洁霜配方实例:蜂蜡 10%,聚乙二醇 400,单硬脂酸酯 14%,白油 30%,三乙醇胺 1%,去离子水 45%,香精、生育酚、脱氢醋酸酯及其盐类适量。制法:将油脂加热至 72 ℃,水、三乙醇胺混合加热至 90 ℃,20 分钟后,冷却至 72 ℃,将水相加入

油相中搅拌乳化，冷至40 ℃时，再加香精等搅匀，经检验包装。

清洁蜜配方实例：硬脂酸2.0%，十六醇1.0%，凡士林5.0%，液体石蜡10.0%，聚氧乙烯(20摩尔)油醇醚2.0%，聚氧乙烯(5摩尔)山梨糖醇酐单月桂酸酯0.5%，三乙醇胺1.0%，丙二醇5.0%，精制水73.2%，香料0.3%，苯甲酸钠等防腐剂适量。制法：精制水中加三乙醇胺和丙二醇，加热到70 ℃(水相)；将香料以外的其他成分混合，加热溶解到70 ℃(油相)；将油相加入水相，进行预乳化，进一步用乳化器均匀乳化，至50 ℃时，加入香料，继续充分搅拌冷却至35 ℃。

(四)发用化妆品

1.整发剂

整理头发，给予头发以光泽和清洁感的化妆品称为整发剂。整发剂既有保护头发的医药作用，也有美容化妆的作用。以山茶油、山茶花油、茶油、芝麻油、橄榄油等为原料可制得发油；以蓖麻油、木蜡等为主要原料可制成植物性香发膏；以白凡士林、石蜡等为主要原料可制成矿物性香发膏；还有在蓖麻油、木蜡中加入蜂蜡、巴西棕榈蜡等制成美发膏(或发蜡)。这些整发剂中，香料溶解比较容易，发油的赋香率为1%—2%，香发膏的赋香率1%—5%。植物性的发膏因原料气味强，需多加一点香料，赋香率3%—5%。

乳化体系的整发剂称为发乳。液态石蜡、蜂蜡、硬脂酸等油脂通过乳化剂与水乳化，加入香料即成发乳。有的为应用目的，还加入具有治疗和营养作用的物质，成为药用或营养发乳。使用不同的乳化剂，能制成水包油型或油包水型的发乳。它们与雪花膏的要求不同，使用时，白色必须消失。使用水包油型发乳时，水相被吸收和蒸发，乳化破坏，油相分散在毛发上，发乳的白色消失，显出光泽。但油包水型不会引起自然破坏，如何达到制造、贮存、输送时的乳化稳定，而使用时乳化破坏的目的，需要精心地考虑配方和调制。其中一个方法是以液态石蜡、硬脂酸、蜂蜜、石灰水作基剂，脂肪酸与氢氧化钙反应生成金属皂。它能起乳化作用，即包裹在微小水滴的表面，使其分散在油相中，形成乳化。整发时，金属皂形成的膜被摩擦而破裂，乳化破坏，毛发浸透油相，显出光泽。制造的一般程序为：水相和油相分别加热到60 ℃—70 ℃，将水相加入搅拌中的油相中，形成乳化状态后，减慢搅拌速度，在40 ℃下加入香料。此外，在水相中还需加入抗氧化剂和防腐剂。乳化状态很灵敏，制造时需注意。发乳的赋香率为0.5%—1.0%。

发液是近年来备受欢迎的液体整发剂，具有柔软的整发效果，比发油使用的感觉要轻松、爽快，且容易洗去。由于使用完全无臭的精制油分，成为香气宜人的近代化妆品。

下面为整发剂配方和制造方法的部分实例。

发油配方例:液体石蜡 80.0%,橄榄油 19.0%,香料 1.0%,抗氧剂适量。

植物性香发膏配方例:蓖麻油 88.0%,精制木蜡 10.0%,香料 2.0%,染料、抗氧剂适量。制法:蓖麻油、精制木蜡、抗氧剂混合加热溶解。在其中加香料、染料,注入金属容器中,静置冰上,急剧冷却凝固。成品的状态很大程度上取决于冷却条件。

矿物性香发膏配方例:固体石蜡 6.0%,凡士林 52.0%,橄榄油 30.0%,液体石蜡 9.0%,香料 3.0%,染料、抗氧剂适量。制法同前。

水溶性香发膏配方例:油醇 5.0%,橄榄油 7.0%,液体石蜡 3.0%,聚氧乙烯(14 摩尔)十六醇醚 30.0%,精制水 55.0%,香料、染料、防腐剂、抗氧剂等适量。制法:加热精制水、保持 90 ℃(水相);使其他成分混合,加热溶解,保持 80 ℃(油相)。将水相加入油相,充分搅拌后,再搅拌冷却至 30 ℃。

发乳配方例:蜂蜡 3.0%,凡士林 15.0%,液体石蜡 42%,聚氧乙烯(5 摩尔)硬脂酸酯 3.0%;聚氧乙烯(6 摩尔)油醇醚 2.0%,聚氧乙烯(6 摩尔)鲸蜡醇醚 1.0%,精制水 34.0%,香料、防腐剂适量。制法:精制水加热,保持 70 ℃(水相);其他成分混合,加热溶解,保持 70 ℃(油相)。将水相徐徐加入油相,使其乳化。乳化后搅拌冷却至 30 ℃。

发液配方例:聚氧乙烯(40 摩尔)丁醚 20.0%,羊毛脂衍生物 1.0%,乙醇 55.0%,精制水 23.0%,香料 1.0%,染料、防腐剂、紫外线吸收剂等适量。制法:除精制水、染料外,将其他成分溶于乙醇,再加入精制水,用染料着色后过滤。

上述配方中,抗氧剂有丁基羟基茴香醚,丁基羟基甲苯,丙基五倍子酸,生育酚等;防腐剂有苯甲酸、水杨酸、山梨糖酸、尼泊金以及它们的酯类、盐类等。可单独使用,也可混合使用。

2. 养发剂

养发剂是重要的发用化妆品之一,主要是生发水、育发液和护发剂。在乙醇的水溶液中,加入香料和各种药品即制成生发水或生发液。它能去除头发和头皮的污物、止痒,给予清凉感。根据药剂的不同,还有促进毛发生长,防止头发脱落的作用。添加的药品中常以间苯二酚、β-萘酚、水杨酸等为杀菌剂,使头发、头皮消毒;用左旋薄荷醇、辣椒酊剂为清凉剂。生发水的酒精浓度一般为 50%—80%,多用高浓度酒精,对头发有影响。近年来,为保护头发配方已倾向降低酒精浓度,增加薄荷醇,来补充清凉感和刺激性。还应用了作为毛发促进剂的维生素 E 等;作为止痒

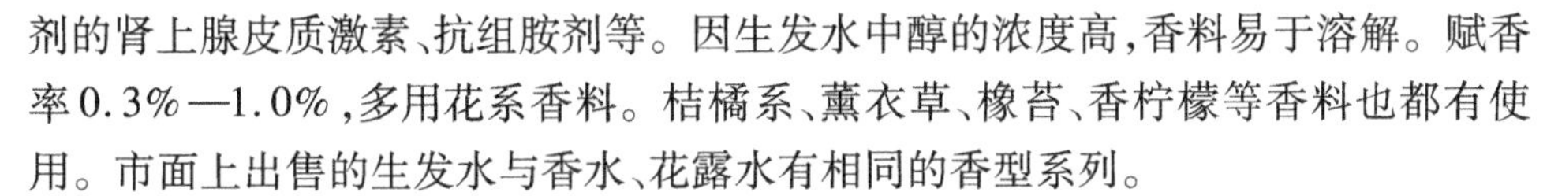

剂的肾上腺皮质激素、抗组胺剂等。因生发水中醇的浓度高，香料易于溶解。赋香率0.3%—1.0%，多用花系香料。桔橘系、薰衣草、橡苔、香柠檬等香料也都有使用。市面上出售的生发水与香水、花露水有相同的香型系列。

生发水配方例：乙醇55.0%，聚氧乙烯（8摩尔）油醇醚2.0%，精制水43.0%，香料、水杨酸、日柏醇、染料、紫外线吸收剂等适量。制法：精制水、染料以外的其他成分溶解于乙醇后加精制水增溶溶解，用染料着色后过滤。

二、生活用品类香精香料

日常生活用品指的是肥皂、牙膏、浴用剂、洗剂、洗发剂等等。它们要用到大量的香料香精，并对香料香精提出种种不同的要求。

（一）皂用香料

皂用是香料的主要用途之一，其需求量很大。像化妆皂、浴用皂等皂类在全球很为畅销，使用的香料量也就很多。许多国家将芳香皂同香水、花露水并列在一起，按香型系列出售。

1. 皂用香料的选择和在肥皂中香气的变化

肥皂一般为碱性，并伴有油脂臭。因此选用的香料应该是对碱比较稳定，并能掩盖这种臭味。因为香皂在使用前常有一段存放期，因此定香剂的选择尤为关键，以确保持续放香。同其他香制品一样，皂用香料也要求对皮肤无副作用。还由于皂用香料的使用量较大，价格应尽量合理。

酯类香料的香气依据其母体醇类而异。一些重要的酯类如乙酸癸酯等，在皂中赋香，香气很强。酯在皂中的稳定性因其种类不同而不同，但总的说来，酯是皂用香料的重要原材料。脂肪族醇的香气比相应的酯弱，在皂中使用较少，但某些不饱和脂肪醇，如芳樟醇、松油醇等能得到很好的应用，茴香醇在铃兰花香型、紫丁花香型的肥皂中也有良好效果。酮类香料在皂中有较好的持续香气，紫罗兰酮、二苯甲酮、对甲氧基苯乙酮、乙基戊基甲酮等等，对肥皂的赋香来说，都是很合适的。醛类香料因为比较活泼，反应性强，稳定性欠佳，但像兔耳草醛、肉桂醛、月桂醛等作为皂用香料是非常优良的。醚和萜类香料也多被使用，例如，丁子香酚甲基醚有提高香气强度的作用。

以前，在皂用香料的配方中，多数用天然香料，如薰衣草油、香叶油、迷迭香油、岩兰草油、檀香油等。合成香料，包括单离、单体香料只用一点。近年来，由于天然香料来源有限，价格猛涨。故皂用香料不可能大量使用天然香料，只好在配方中多用合成香料代替。合成香料使经常调制皂用香精得到保证,并且随着新研制的合成香料不断出现,为开发新的香型提供了可能。尽管如此,天然香料的作用并没有失去,像安息香、乳香等天然香树脂是皂用香料不可缺少的定香剂。皂用香料香精的香型同其他香妆品的情况类同,制成了各种流行香型,如花香、木香、果实香等等。

皂用香料在皂中赋香后,与未赋香时的调和香料的香气会有差异。这是由于肥皂基剂中的亲油基形成胶束,溶解香料时,产生香料的增溶作用和乳化现象。香料的增溶效果因香料的种类而异。一般来说,醇在此胶束中易于溶解,酮其次,酯难溶。香料在胶束中溶解后的蒸气压并不严格服从拉乌尔定律。拉乌尔定律是气液平衡条件下,溶液中某组分在气相中的分压与液相中的摩尔分率成正比,依种类的不同而产生不同的偏差。溶于胶束中的或处于乳化状态下的香料组分蒸气压大大下降,而没有乳化或增溶作用的香料组分蒸气压变化不大。因此给肥皂赋香的香精中,易于增溶的香料成分香气变弱,而难于增溶的香料成分相对来讲,香气较强。香精在赋香前后,香气就发生了变异,这点在选择香料时应有所考虑。

2. 制皂和赋香的技术问题

①香料在皂中赋香后,品质能否经久不变,除了香精本身的稳定性和定香性以外,肥皂本身的质量是十分重要的。因此需仔细选择各种皂料。具有牛油 65%、椰子油 15%、猪油 15%、蓖麻籽油 3%、浅色松香 2% 的配方被认为是较好的。有的研究者认为,要使皂中香料经久不变,制皂用的椰子油不得超过 15%;有的认为加入 2% 的浅色松香十分必要,它能显著地提高肥皂的耐藏性,即使储存达三年之久,也不会发生酸败现象。

②用于制皂的脂肪类原料事先常要经过漂白,才能制成浅色肥皂。常用的漂白剂为氯气或其他氧化剂。要求这些漂白剂不能与皂料起任何反应,且容易洗除。

③煮皂宜用水蒸气。开始时不加椰子油,先使皂料与稀碱液共同煮沸,然后加入适量的浓碱液,煮沸 5 小时至 6 小时,再加入椰子油,继续煮沸 1 小时,然后使肥皂从皂液中盐析出来。制得的肥皂须用水洗净,不得含残余漂白剂。否则香精易遭其破坏,并影响色泽。

④为使香料在肥皂中久不变质,还要保证完好的皂坯。皂内可加入适量的硫代硫酸钠,作为一种稳定剂。常用量为每 100 公斤肥皂约加硫代硫酸钠 250 克,先溶于 500 毫升水中,然后在混合器中与皂混合。

⑤制成的香皂如果含游离碱超过 0.04%,则会对皮肤有害。为此,可于香料

中加入15%的优质树脂类定香剂。这样既能保护香料,又能与皂内的游离碱发生皂化反应。皂内缺少苛性碱也是不适宜的。未经皂化的脂肪,易于酸败,游离碱的存在可以克服此问题。因此皂用香料使用树脂类定香剂具有无可争辩的价值。

⑥光线和空气往往会使皂含香料和皂色发生变化,使肥皂产生酸败气。这些变化都是由于氧化作用所引起。因此,上等香皂必须严密包装、避光贮存。

⑦醛类香料在皂中的香效果比较好,但易被氧化剂所氧化。为了增加它的稳定性,可加入少量的抗氧化剂,如多元酚类(间苯二酚、对氢醌、没食子酸盐等)、胺类(二苯胺)等。或将醛溶于醇类中,醛与醇生成缩醛、半缩醛结构,使稳定性增强。

⑧过去喜好的皂用香料为清爽香型,颜色多为纯白。近年来,要求有种种颜色的皂用香料,如果绿、嫩黄、妃色、翠绿、粉红、橘红、紫色等等。应根据需要加入相应的色料,且须用量适宜。香型亦可根据流行的种类进行调和。

⑨在皂基中加入香料的调制过程中,往往凭嗅觉进行检验。因此调香者要不断地积累经验。宜分多次加入调香成分,最后完成配比。调香完了,制得成品,要进行贮存试验,考察其耐氧化性、抗变色性、香型和气香的持久性等项目。

(二)牙膏用香料

1.牙膏的组成

牙膏由多种无机物和有机物组成,包括摩擦剂、洗涤剂、泡沫剂、增稠剂、赋形剂(保湿剂)、甜味剂(矫味剂)、芳香剂和水分。药物牙膏还需加入一定的药物。

摩擦剂是牙膏的主体成分,用量在30%—50%之间。常用的摩擦剂有碳酸钙(轻质、重质)、磷酸氢钙。通常用一种组分兼起洗涤剂和泡沫两种作用。以前曾用过肥皂型洗涤泡沫剂,现在多用十二醇硫酸钠($C_{12}H_{25}SO_4Na$,又称椰子油醇硫酸钠),用量在2%—3%之间。增稠剂以前用过淀粉、白胶粉等,现在常用羧甲基纤维素(简称CMC),用量为0.8%—2%。赋形剂是用来稳定膏体形状,不使其干缩的,多数采用甘油,用量在10%—30%之间。也有采用山梨醇为赋形剂的。甜味剂是用来掩盖牙膏中某些成分的苦、涩味的,以前都用糖精,现在开始采用其他甜味剂了。香料有留兰香型、水果香型、薄荷香型和豆蔻香型等。

目前深受消费者喜爱的药物牙膏,是在牙膏中加入了药物成分而制成的。根据其药理的不同,大致可分为6种。①防龋齿用的有:膏体中含氟化亚锡、氟化钠、氟化锶、单氟磷酸钠等的含氟牙膏,含硅酮或有机硅的含硅牙膏,含尿素或其他铵盐的铵盐牙膏，含聚糖酶的加酶牙膏。②脱敏镇痛用的有：含氯化锶、锶盐等的锶盐牙膏，含甲醛、三聚甲醛、多聚甲醛等的含醛牙膏，含丁香、丹皮酚、白蒺藜和葶苈子等药物的中草药牙膏。③消炎止血用的有：含硼砂的硼砂牙膏，含季铵盐、氯已定等阳离子表面活性剂的阳离子牙膏，含芦丁、冰片、百里香、人参、三七粉等药物的中草药牙膏。④除牙锈用的有：含六偏磷酸钠和含蛋白、脂肪、聚糖等酶制剂的酶剂牙膏。⑤除口臭的有：含铜盐叶绿素的叶绿素牙膏，含有以龙脑为主体的豆蔻香料的除烟臭牙膏。⑥按中、西药复合配方制成的多种疗效用的复方药物牙膏。

牙膏的制作工艺大致为：首先将各种原料混合，称为"拌膏"。然后由碾磨机碾磨，再经过静置和第二次碾磨、真空脱气、装管、打包。

2. 牙膏香料的种类

牙膏所用的主要香料是薄荷油、留兰香油、茴香油、小茴香油、冬青油等天然香料，左旋薄荷醇、左旋香芹酮、水杨酸甲酯、茴香脑等合成香料。天然薄荷油要用水蒸气蒸馏获得。蒸馏液有独特的蒸馏气味和金属气味，不适于作牙膏香剂。必须将它重新减压蒸馏，以除去初馏部分和后馏部分，取用符合要求的中间馏分。值得注意的是初馏成分中的低沸点物含有苎烯、月桂烯。苎烯，是牙膏变质的诱发剂。给予牙膏以清凉感的左旋薄荷醇是不可缺少的，但过量则会感到苦味，在牙膏香料中以加入10%—15%为适宜。左旋香芹酮、茴香脑等有甜味，能对表面活性剂的苦味、涩味起到一定的掩盖作用。

牙膏香料的香气效果与摩擦剂在口腔中显示的pH值有关。口腔本身所显示的pH值是弱酸性。薄荷醇系的香料在酸性介质中效果很显著。但摩擦剂碳酸钙使口腔中的pH值增大，香料的效果因而有减弱的现象。添加了氟素的牙膏要避免使用天然薄荷系精油，因为氟化亚锡会使此类精油变质。可以使用合成香料，如茴香脑、薄荷醇、水杨酸甲酯等。

现代牙膏香料的分类通常为三种：薄荷型、留兰香型、双薄荷型。薄荷型是由欧薄荷油、薄荷醇、茴香脑等香料所组成的，在里面使用樱桃、杏子、菠萝、杨梅等果实型香料及柠檬、橙桔、柚子等柠檬系香料，以提供香味。亚洲薄荷油与欧薄荷油所含成分不相上下，仅含量上稍有差异，因此亚洲薄荷油稍加处理同样可以应用。留兰香型是使用绿薄荷油（或叫留兰香油）来代替欧薄荷油，因清凉感比较欠缺，需要加入大量的薄荷醇。双薄荷型既具有欧薄荷的清凉感，又具有留兰香的刺激感。为了让人感到甜新美味，还要加入柠檬系香精和香叶系香精。牙膏的赋香率一般为1%左右。

(三)浴用剂香料

浴用剂是一种沐浴时使用的芳香制品,它主要有四种作用:①软化硬水,促使去垢;②赋予热水以颜色和芳香,使浴者心情轻松,感觉爽快;③加入与温泉水有同样的成分或药剂,以达到美容和治疗的效果;④清洁皮肤,去垢去污。浴用剂的使用形态有胶状、颗粒状、液状、胶囊、粉末等。原料为各种盐类、表面活性剂、香料及色素。香型有花香型(如茉莉、玫瑰、百花等)、橙桔香型、东方香型(肉桂醛、黄樟素等的香气)、木香型(针叶树香)、草香型等等。主要产品有盐浴剂、油浴剂和泡沫浴剂。

1. 盐浴剂

有4种:(1)一般盐浴剂,以无机盐为主体,具有着色、赋香,软化硬水的作用;(2)温泉型浴剂,加硫黄泉、铁泉等温泉的有效成分,或者药草之类,与无机盐配合使用,因对慢性湿疹、皮肤病有疗效;享有"家庭温泉"之称;(3)起泡性盐浴剂,较接近化妆品。发泡是用碳酸钠等盐类混合酒石酸、柠檬酸,在水中产生二氧化碳气泡而实现的;(4)放氧盐浴剂,是在无机盐中添加高硼酸钠或过氧化氢或尿素铬盐而得,在使用中放出氧气。后三种又统称为治疗盐浴剂。

盐浴剂的主要成分是硬水软化剂和其他用途添加剂。前者有十水碳酸钠、一水碳酸钠、倍半碳酸钠($Na_2CO_3 \cdot NaHCO_3 \cdot 2H_2O$)、磷酸钠等。后者有食盐(有利于浴剂着色、赋香,赋予皮肤活力)、过硼酸钠四水合物($NaBO_3 \cdot 4H_2O$,含10%有效氧)、硫酸镁和硫酸钠(利于浴剂存放),高锰酸钾(漂白、杀菌),等等。

以下为一般盐浴剂的一个配方:倍半碳酸钠40.0%,食盐10.0%,硫酸钠49.3%,液体羊毛脂0.5%,黄色色素0.2%,香料适量。制造时先将前三种材料用混料机充分搅拌,同时均匀添加其他成分,充分混合即成。在盐浴剂中使用的香料要选择耐碱性的,其赋香率一般为0.5%—1%。

2. 油浴剂

以液体动植物油脂、碳氢化合物、高级醇或酯等油分为主体,融进芳香剂即成油浴剂。若以赋香剂为主体,常称为浴用花露水或浴用香水。使用时,将其滴入热水中,溶解或分散成下列状态:漂浮型、散布型(油膜扩散)、分散型(成微粒扩散)、溶解型、起泡型等。分散型中亦有呈乳化状态的,形似牛乳状。油浴剂中香料以松树系的、草系的及林木系的为佳,赋香率从5%到35%不等。现列一配方实例为:

十六醇30.0%,聚乙二醇23.0%,聚氧乙烯(40摩尔)硬化蓖麻油7.0%,乙醇40.0%,香料、染料、紫外线吸收剂等适量。

3. 泡沫浴剂

泡沫浴剂是一种发泡性强的浴用剂。以表面活性剂和液体皂为主要成分，添加有香料、色素等。形态有粉末、颗粒、块状、糊状及液状等。它有很好的洗净作用。德国的此类代表商品——Badedas，具有针叶树系的清新香味和温感，为多数人所喜爱。日本以十二烷基硫酸三乙醇胺盐、十二烷基聚氧乙烯硫酸酯盐、甘油、水、香料为原料的制成品称为“洗身香波”，销量不断增加。其中香料的赋香率为3%—5%。

泡沫浴剂配方实例：月桂酸2.5%，肉豆蔻酸7.5%，软脂酸2.5%，油酸2.5%，月桂酰二乙醇胺5.0%，丙二醇10.0%，甘油5.0%，砂糖5.0%，苛性钾3.6%，精制水56.4%，香料、染料、防腐剂、金属离子螯合剂等适量。制作时先将精制水加热至70 ℃，再加入丙二醇、甘油，保持70 ℃，掺加脂肪酸，搅拌溶解，然后徐徐加入苛性钾水溶液，进行中和反应，添加月桂酰二乙醇胺并使其完全溶解，最后再加砂糖、香料和其他添加剂，冷至25 ℃—30 ℃，成为透明的洗身香波。

（四）洗剂、香波用香料

1. 洗剂用香料

各种洗涤剂的原料多少都带有一些不愉快的气味。为了掩盖这些气味，改善商品的整体印象，提高商品的竞争能力，在洗剂中需加入一定的香料。洗剂用的香料要求在高pH值的范围内保持稳定，难于被氧化。由于仅需轻微的香气，因此赋香率较低，在0.1%左右。香型多是茉莉、玫瑰、铃兰、薰衣草等单香型及多香型。特别是饮食用具的洗剂，香气的选择必须适宜，符合食品法的规定。一般说来，柠檬、橙桔等香气不强的食品香料最适宜。

2. 香波用香料

香波为Shampoo的译音，意为洗发用品。香波是用于清洁头发、头皮的洗剂，又是保持头发美观、柔软的化妆品。它的形态有液状、乳膏状（糊状）、粉末状、块状及气溶胶等。按其组成成分可分为肥皂型、合成洗涤剂型及两者的混合型。香料的加入能很好掩盖基剂的气味，在洗发时和洗发后带来清爽、洁净的感受。最初使用的香型与花露水、生发水、生发膏的香型相似。但从洗发的目的来说，更希望传递出干净、潇洒、利落、清洁的感觉。因此，柠檬系香型、香草系香型就更合适。妇女使用的香波，其香型用单一花香型、百花香型、甜水果香型等均合适。调香时，要努力使定香效果较好。香波的赋香率为0.1%—0.2%。

三、食品类香精香料

近些年来，随着对食品成分的深入分析和了解，以及快速食品、植物蛋白食品、低醇饮料等产品的大量上市，食品香料行业得到了快速发展。据统计，在国际香料香精的市场上，食品香料香精的销售额早已超过了一半，其产量、销售金额和增长速度在各个方面都处于领先地位。

（一）食品香料的类别和基本香原料

食品的形态丰富多样，包括冷冻点心类的冰激凌、果冻等，果汁类的凉爽饮料、甜酒、汽酒等，糕点类的糖果、巧克力、饼干、点心、布丁等，以及肉制品类的火腿、红肠、香肠、腊肉、烧鸡、烤鸭、鱼糕等等。这些食品涵盖了液体、乳化液体、胶体、固体、粉体等多种形态。相应地，食品香料也以香精、香油、乳化香料、可溶性香料、粉末香料等形式存在。

（二）食品香料的选择原则

选择食品香料的总原则是要与食品的种类、形态和加工过程相适应。植物精油是重要的基本原料，但其挥发性较高，容易受热和接触空气而变质。选择以精油为香料的食品时，在加工和贮存过程中需要仔细考虑。天然香料也是重要的原料，其苦味、芳香性和刺激性在食品加工中得到广泛利用。在火腿、红肠、香肠、熏肉、熏鱼、辣酱、调味料等加工过程中，它们是不可或缺的。清凉饮料主要使用果汁香精。例如，碳酸饮料要求具有透明感，因此应选用可溶性香料和水溶性香料；而果汁饮料则应选用能够展现天然果汁感的乳化香料，并具有适度的浑浊度。酵素香料是通过天然原料发酵制得的香料，与合成香料相比，更具有自然的食品香气。对于制造巧克力、糖果、饼干、橡皮糖等需要加热的产品，应选择热稳定性较好的香料。当然，也可以在加工完成后，待冷却再加入香料，但有些产品在冷态下赋香效果可能不佳。合成香料在食品香料中广泛应用，但在选择时应注意，不允许含有对健康有害的杂质。通常情况下，通用食品的赋香率约为1%。例如，饼干糕点的赋香率为0.05%—0.15%，面包为0.04%—0.1%，糖果为0.05%—0.1%。

（三）各种食品香料的选用

1.巧克力

常用的香料为香兰素，如人造香兰素、乙基香兰素、香兰荚研粉或浸液等。（1公斤香兰素相当于50公斤香兰荚的香味）。有时也会加入少量的肉桂和丁香。制作糕点涂料所用的巧克力需要添加安息香脂，果味巧克力则需加入香蕉、柠檬等香料，而牛奶巧克力则需要使用橘子香精。

2. 糖食

糖食要求香气浓郁、愉悦。硬糖需要使用耐高温的浓缩芳香剂，常用的香料包括茴香油、柠檬油、橙皮油、苦橙皮油以及梅子、樱桃、薄荷、肉桂、姜等香料，赋香率一般在1.0%—5.0%。水果糖需要具备甜酸兼味的特点，需要注意控制酸度。牛奶糖和奶油糖也需要使用耐高温的芳香剂，常用的香料包括香草（香兰素）、白脱、奶油、蜜、巧克力等香味。软质糖类如乳酪糖、太妃糖、奶油软糖、果酱、果冻和其他果味糖类需要使用天然的果类香料（制备这些软质糖类时不需要高温），也可以适量加入合成香料以增强香味。为了赋予各种糖食特殊的风味，可以使用多种香料，制作出果味、蜜味、花香味、咖啡味、坚果味、甜酒味和糖味等产品。

其他制品，如糖粒、糖块、甘草糖片、咳嗽糖剂、口香糖等，也都需要使用香料。这些制品除了要求清凉爽口外，有些还具有一定的医疗效用。其中一些重要的例子包括：

薄荷糖片的香料主要是薄荷油和薄荷脑。

咳嗽糖剂的香料包括茴香脑、桉叶油素、薄荷脑、松油醇以及药用槲皮素、车前属草和丽春花等植物的浸出物。

含维生素的水果糖使用浓缩浸出物，如酱果、无核小葡萄干和松叶等香料。

桉叶油—薄荷脑糖粒的香料包括桉叶油、桉叶油素和薄荷脑等。

口香糖的香料以前常使用甘草制剂，用于止咳和治疗喉嘶等问题，现在大多变成各种糖粒或糖片，芳香料使用玫瑰、薰衣草、麝香、紫罗兰、橙花、茉莉、车前草、肉桂、香兰素和防风根等香油。还有一种口香糖的香料是使用树胶、糖浆、乳香、蜂蜡、橄榄油等混合配制而成，味道分为柠檬型和薄荷型。

3. 冰激凌

常用的香料是水果类香料，此外还使用咖啡、可可、巧克力、香兰素、杏仁等。特制的冰激凌还使用果仁、薄荷。冰激凌可以分为菠萝、桔子、柠檬、杨梅、樱桃、莓子和车前草等多种口味。为了赋予冰激凌乳酪的特性，常使用大米、玉米、小麦淀粉或黄豆粉作为填料，通过添加黄蓍树胶粉、洋菜、阿拉伯树胶或果胶等成分以提高其稳定性。芳香剂需要高度浓缩，与糖、食用香精、酸和粉剂混合使用。

4. 糕点和面包

过去制作烘焙食品时常使用细研的植物性香料，但后来逐渐改用浓缩香料。浓缩香料用量较少，容易分散，不会在食品中引起明显的感觉，特别适用于糕点涂

料。香料的形态包括液体和乳化糊状，基本原料是精油和浸膏。选择的香料需要耐热，并且不与发酵剂发生反应。制作过程中需要控制好 pH 值，例如香兰素、柠檬油、橙油等，在添加到饼干面团中时，如果 pH 值大于 7 或小于 6.5，会造成破坏。饼干常用的香料包括苦杏仁油、橙油、橙花油、莓子和桃子香精。姜汁面包、蜜糕和胡椒糕常使用苦杏仁油、茴香油、芫荽油、胡椒油、肉豆蔻油、姜油、橙油、柠檬油、薄荷油、橙花油、高良姜油和蜜味香精。布丁粉除了使用天然香料外，还使用浓缩的新鲜果香剂，例如菠萝、桔子、杨梅、莓子和香兰等类型的浸出物。

5. 调味酱

在调制液体调味品时，可以使用多种香料，例如茴香油、罗勒油、莳萝油、茵陈蒿油、忽布油、桂叶油、马约兰油、胡萝卜籽油、肉豆蔻油、丁香油、甘椒油、芹油、胡椒油、芥子油、芹子油、肉桂油等。此外，还可以使用辣椒、姜黄、姜、洋葱、葱、大蒜、番茄、罗望子、核桃和柠檬皮等的浸出剂。

6. 多味瓜子和葵花籽

这类产品在市场上越来越受欢迎，需要使用各种香味剂，常用的包括奶油香精、巧克力香精、桂花香精、玫瑰香精等。制作时将相关香精喷洒并拌匀。

（四）直接利用花卉香料及适用情况

1. 糖桂花

这种香料是由桂花加工而成的。桂花有金桂、银桂、丹桂和四季桂等品种，其中四季桂的香气相对较弱。在秋季桂花盛开时，选取颜色鲜艳、香味浓郁的鲜桂花，用盐进行腌制，制成咸桂花型香料。这种香料主要用于蛋糕、豆沙和条头糕的增香。

2. 糖玫瑰

糖玫瑰有两种制作方法。一种方法是通过桃花加工而成，方法包括将采摘的玫瑰花清理并分离花瓣，然后将花瓣轻轻搓揉一段时间，加入少量的糖，放入容器中，交替排列花瓣和糖层，密封发酵即可得到糖玫瑰。另一种方法是通过桃花卤制而成，首先选取色泽鲜艳的玫瑰花放入容器中，注入桃花卤进行腌制，然后取出花瓣，在清水中漂洗去除酸味，最后再进行糖腌制。第一种方法制作的糖玫瑰香气浓郁，但颜色较差，呈黄褐色，适用于豆沙馅料。第二种方法制作的糖玫瑰颜色鲜艳，但香气较弱，一般用于制作玫瑰月饼。此外，玫瑰花也可以晒干制成花干，用于糕点的调香和装饰，但花干的颜色和香气相对较差。

总结起来，食品香料行业在近年来得到了快速发展，随着食品行业的不断创新和消费者口味的多样化，对香味的需求也日益增加。食品香料的选择应根据食品的种类、形态和加工过程进行匹配，考虑香料的耐热性、稳定性和香味特点。食品香料的形态多样，包括香精、香油、乳化香料、可溶化香料和粉末香料等，以满足不同食品的需要。同时，合理地使用天然香料和合成香料，注意杂质控制，可以赋予食品丰富的香味和口感。

在具体食品的选用方面，巧克力常使用香兰素等香料，糖食需要考虑耐高温性和甜酸口感，冰激凌多使用水果类香料，糕点和面包需要注意耐热性和不与发酵剂反应，调味汁可根据需求选择多种香料，而利用花卉制作的香料如糖桂花和糖玫瑰则可以为特定食品赋予特殊的香气和口味。

正确选用食品香料可以提升食品的口感和风味，满足消费者的需求。然而，在使用食品香料时，也需要注意适量使用，避免过量添加导致过于浓烈或人工化的味道，同时要遵守相关的食品安全法规和标准，确保食品的质量和安全性。

四、烟用香精香料

（一）烟草制品种类和烟用香料香精分类

1. 水烟

作为我国烟草制品的传统品种，水烟早在1785—1845年已有生产。它的燃吸方式也很特别，要用特别的烟具——水烟筒燃吸。筒内存水，对烟气起过滤、洗涤作用，经过洗涤，将一部分烟焦油和烟碱溶于水中，以降低烟气中对人体有害化合物的含量。

水烟是用晾晒烟为原料，经特殊工艺制成的。其中具有特色的著名水烟，如福建的皮丝烟、山西的青条烟、江西的西条烟等，此外用黄花烟草制成的兰州水烟，更是享有盛名。水烟现仍少量外销，国内吸水烟的已很少，仅在少数民族地区有人仍保持使用水烟的习惯。

2. 鼻烟

鼻烟有两类：干鼻烟和湿鼻烟。干鼻烟是用烟筋、烟梗，在特制烤炉中烘烤、发酵后碾磨粉碎成细微粉末制成；湿鼻烟是用烟筋和烟叶碎屑为原料，先喷水回潮（有时可用碱盐的水溶液），在不超过55 ℃的温度下进行发酵，将发酵后的烟料捏成团块，经几周时间干燥，再磨成极细的粉末制成。鼻烟均加香，有时甚至拌入珍贵的芳香药材。国外已很少生产，其产量仅占烟草生产量的0.1%—0.15%，主要以红晒烟为原料。

3. 嚼烟

嚼烟是以晾晒烟或烤烟为原料，加入香料、甜料和树胶制成条状、块状或索状的产品，供爱好者放在口中咬嚼，类似热带居民咬嚼槟榔果。现在，国外嚼烟的产量很少，有被淘汰的趋势，在我国爱好嚼烟的人更少。

4. 斗烟

斗烟的用料，基本上和早期生产的混合型卷烟相仿，以烤烟、红晒烟、白肋烟和香料烟调制，也有用香料烟和烤烟调配的淡味斗烟。斗烟注重加料和加香处理，并采取浸渍法使料液和香精渗入，还有直接加入天然芳香物质或细颗粒，甚至加入酒类，与烟叶拌和后紧压成块、切成粗丝，整块或整片地包装（故又称板烟）。目前，斗烟的烟草消耗量仅占烟草总产量的3.5%左右。

5. 茄烟

茄烟在烟草制品中也是一个较为重要的品种，约占烟草总消耗量的9%左右。它早于卷烟之前，就在许多国家和地区广泛流行，现在仍有人爱吸雪茄。雪茄烟基本上以晾晒烟叶或专供雪茄烟使用的烟叶（也有掺用些白肋烟）为原料，经醇化和重复发酵等特殊工艺处理，使之产生自然的香味物质，经手工或机械加工卷制而成。一支雪茄，包括芯叶、内包皮叶、填充叶、外包皮叶等多层；烟叶卷成尖头、平头、粗支、细支、长支等形状。由于采用特殊的制作工艺使雪茄具有特有的烟香和丰满的吸味。国际上目前仍以古巴的“哈瓦那雪茄”代表优质高级品烟，而菲律宾的“马尼拉雪茄”为中高级雪茄烟的代表。近年来，有一种将雪茄烟叶切成丝，并用染成棕色的烟纸，在卷烟机上加工制成卷烟型接咀或不接咀的纸烟雪茄。

6. 卷烟

卷烟最早产生于1799年，据传是一名土耳其士兵偶然发明的。1845年，伦敦的烟草零售商Philip Morris开始手工生产卷烟。1879年，第一台卷烟机问世。直到1886年才有技术更为成熟的卷烟机。在这近百年间，卷烟发展极其迅速，是烟草制品中最主要的品种，它消耗世界烟草总量的85%～90%，其制品遍及全球。卷烟按使用烤烟、晾晒烟和香料烟叶的不同配比，可分为烤烟型、混合型、东方型和黑（褐）烟型四个基本类型。

烤烟型（Virginia Type）烤烟型卷烟是全部选用烤烟烟叶或大部分烤烟烟叶并掺入少量香料烟叶或浅色淡味晾晒烟叶为原料制成的烟制品。烤烟通过特殊的发酵、复烤和贮藏陈化，产生优美的烟香气味。烤烟型卷烟起源于英国，它是以进口美国弗吉尼亚栽培的质优香佳的烤烟烟叶为原料，因此也叫弗吉尼亚型卷烟。

烤烟型卷烟，按香型可分为浓味、淡味和中间香型三种。我国也是以生产烤烟型卷烟为主的国家。我国烤烟型卷烟分为甲、乙、丙、丁、戊五级，其中甲、乙两级又分一、二两个等级。

混合型（Blended Type）卷烟是烤烟、晾晒烟和香料烟按适当配比制成的卷烟，具有烤烟与晾晒烟相结合的风味，香气浓郁丰满、吸味醇厚劲大。此类卷烟实质上是由斗烟演变而来，它重视烟叶的加料和烟丝的加香。现在，混合型卷烟已成为国际上最流行的烟型，但与早期制品相比，在风格上已有较大的变化。有代表性的混合型卷烟有以下两种：

（1）美国式混合型卷烟

这种卷烟的烟丝配方大致是烤烟60%，白肋烟30%（或加少量马里兰烟），香料烟10%（也有在配方中改用20%烟草薄片）。此类烟制品已广泛流行于世界各地，受到消费者的欢迎。

（2）西欧式混合型卷烟

以西德卷烟为代表，故也称西德混合型卷烟，它是美国混合型卷烟与当地口味习惯和烟草资源相结合的产物。不同之处是白肋烟比重较少，香料烟用量较多，故其香气更为浓郁，但口味较淡。在西欧除法国外，其他国家的卷烟制品大致都属此类型。

东方型（Oriental Type）基本上是以香料烟为主的制品，故有特殊风味，香气芬芳馥郁而烟味柔和优美。东欧、近东部分地区生产的卷烟大都属此类型。

黑（褐）烟型（Dark Type）是以经过特殊处理的深色晾晒烟为主，约占87%，东方烟（香料烟）占10%和各占1.5%的白肋烟与烤烟（也有在95.5%的褐烟中加4.5%的烟草薄片）配比制成的卷烟。特别是香浓味烈、刺激性大，烟色深褐，故名黑烟。主要产于法国，受法国影响的国家生产的卷烟，均属此类型。

此外，还有晒烟型、半东方型和利用当地产的烟草生产的地方型卷烟。但这些卷烟数量很少，仅限于在局部地区生产和消费。

（二）烟用香精分类

1. 按烟草制品类型分类的烟用香精品种

（1）嚼烟用香精（Chewing Tobacco Flavor）

嚼烟的加香调味，基本上是以辛香料、甜味剂、甘草膏、朗姆酒和浓缩果汁等生料或制剂为主。香精可按各类香型对香和味的效果分为不同品种。

(2)鼻烟用香精(Snuff Flavor)

鼻烟一般直接用香料来调制,香精具有辛香、果香、花香等品种。

(3)斗烟用香精(Pipe Tobacco Flavor)

斗烟使用的香精基本上与混合型卷烟相仿,只是加重料汁、浓香味,其香精可分浓香和清香两个类型。

(4)雪茄烟用香精(Cigar Flavor)

雪茄烟是靠烟叶重复发酵来改进烟气香味和品质,再适当地添加香味剂,以增强、补充、修饰其典型特征。雪茄烟用香精是按其品质、等级和香型分为哈瓦那型雪茄烟用香精、马尼拉型雪茄烟用香精和雪茄烟用柏木香精。最初的雪茄用美洲产的柏木木匣包装,因此,雪茄烟带有令人愉悦的柏木香。后来,为节省材料和成本,改用其他木料或纸板。为了使雪茄仍保持原有的特点,加工时会在匣顶部喷洒这种特制的柏木香精。此外,还有在雪茄烟内、外包皮粘合剂中添加的香精,有辛香,蜜香等香精品种。

(5)卷烟用香精(Cigarette Flavor)

按卷烟类型可分为六类:

①烤烟型烟用香精(Virginia Type Cigarette Flavor)。

用于烤烟型卷烟的烟用香精。我国目前的烤烟用香精分为甲级、乙级和通用型三个等级。此外,还有各个名牌卷烟的专用香精。

②混合型烟用香精(Blended Type Cigarette Flavor)。

用于混合型卷烟的烟用香精可分为:

美式(传统)混合型烟用香精:适用于接近这一传统配方的混合型卷烟制品,突出其特征香味,具有烤烟和晾晒烟相结合的协调一致的烟香风味。

西欧式混合型烟用香精:具有香味浓郁,风格多样,有一定典型性的添加剂。我国目前所产混合型卷烟用香精,可归入这一类。

特色混合型烟用香精:主要是模仿国际上流行的混合型名牌烟香风格的香精和独创的香型。

③东方型烟用香精(Oriental Type Cigarette Flavor)。

纯粹用香料烟叶调制的东方型卷烟是利用烟草本身具有的自然烟香,一般不添加香料或很少加香修饰。这里所说的东方型烟用香精,指的是仿各种名优香料烟特征香味的烟用香精,如拉塔基亚型、伊兹密尔型、巴斯马型、土耳其型和埃及型烟用香精。

④褐烟型烟用香精(Dark Type Cigarette Flavor)。

以法国为代表的褐烟型(黑烟)卷烟,在某些国家和地区仍有生产,国外许多著名香精香料公司都有褐烟用香精产品,我国不生产此类卷烟和香精,

⑤异香型烟用香精(Peculiar Type Cigarette Flavor)。

指非烟草原有香味,或与烟草香味根本无关的气味,如风行一时的"可可奶香型"(凤凰烟型)、薄荷型烟用香精等。

⑥新混合型烟用香精(New Blended Type Cigarette Flavor)。

1986年时暂定名是指含有中草药或其制剂的卷烟。烟叶配方结构具有"混合型"的特点,是以烟叶为主料,掺入中草药和其他辅料混合而成,它与通常的以烤烟、晾晒烟配制的混合型卷烟有区别。其烟用香精则根据掺入中草药的气息特征,选用相适应的香料调制而成,故其香型随添加的药草而有所变化。

2. 按使用效果分类的烟用香精品种

(1)烟草特征香味的烟用香精

如具有白肋烟、香料烟、优质弗吉尼亚烟特征香味的烟用香精。

(2)代用品烟用香精

如配制的枫槭香精、甘草香精、秘鲁香膏、吐鲁香膏、香豆素代用品等品种。

(3)香味型烟用香精

如巧克力、奶香、果香、坚果香、木香、花香、草香、辛香、蜜香、膏香、豆香、面包香、焦糖香、酚香、烟熏香、酒香等品种。

(4)烟草增效香精

能加强各种低弱香气烟叶的香味浓度和增进烟用香精的烟香吸味,或能强化烟草中某种香味特征的香精。

(5)烟草矫味剂

增添甜味,抑制辛辣和令人厌恶的杂味等。

这类香精可视为香基,供调制各种烟用香精的配料,也可供卷烟厂根据调节香味的需要选择使用,或与选定的烟用香精配合,形成各具特色的烟香风味,烟草增效剂和矫味剂也可以是无香的或香气淡弱的。

3. 按添加方式分类的烟用香精品种

(1)加料香精(Casing Flavor)

白肋烟烟叶组织疏松,吸收料液的能力强,有吸进多量的糖料、香料、香精和保润剂的特征,所以是理想的加料加香的载体;同时,白肋烟带着特有的不良气息也

要通过加料处理予以改善,所以混合型卷烟加料工艺是不可缺少的。斗烟和烤烟也需要加料加香处理,只是料液香精要求和处理方式有所不同。一般白肋烟分两次加料,第一次加料称为加里料,第二次加料称为加表料。里料香精和表料香精有很大的不同。加料香精有混合型和烤烟型之分。

(2)表香香精(Top Dressing Flavor)

用于已经过各道工序处理和干燥到规定水分含量的烟丝中,为增进卷烟的嗅香和抽吸时的芬芳烟香,滋润吸味,或弥补损失的烟草原有香味物质,或呈现所期望的某一特征风味,而添加的烟用香精。可分为混合型表香香精和烤烟型表香香精。

(3)滤嘴用香精(Filter Flavor)

用能引起增补作用的香料,与有缓和作用的化合物等调制成滤嘴用香精,添加在滤嘴里,以保持卷烟应有的风味和吸味。

(4)嗅香用香精

利用烟丝具有较好吸附性能,将某些特制的与烟支原有的香气能和谐协调的烟用香精,喷涂在铝箔纸或小包纸的内壁,或预喷在盘纸上,以达到消费者打开烟盒小包时能立刻嗅到美好的烟香,引起抽吸的欲望。

(三)烟用香精的调制

1.卷烟加香的作用

吸烟作为一种生活享受的嗜好,满足一部分人的心理和生理需要,这就要求在打开烟盒时,能嗅到芬芳馥郁的烟香,激发吸烟欲望。抽吸时,烟味应津醇丰满且劲头适中,此外,消费者往往偏好某种特定的烟香味,希望其风味能尽可能长时间地保持稳定。但是,烟草的组成成分复杂,它的化学、物理性状取决于多种因素。烟草本身自然生成的香味物质,以及叶片细胞组织、脉络中含有的香味物质前体,因各种因素的影响常常会出现变化,因而需要加以修饰和调整,其中包括添加香料和香精。

烟用香精与烟草的关系是:烟草制品的香味主要取决于所选用的烟叶及其调制、陈化、加工方法。烟用香精不能改变叶组配方的基本特性,而是起到修饰、掩盖、弥补和增强的作用,旨在一定程度上改善和提高烟草制品的品质,或赋予吸烟者独特的风味、创新风格。

使用烟用香精基本目的和要求,可归纳为以下三个方面:

(1)增补和矫正香味

由于烟叶中含有的天然芳香成分及其前体物质的含量每年可能有所不同,导致烟草香味存在差异，所以根据不同的情况调整烟叶配比是很有必要的，同时为使其香味保持稳定，还要以外加香精的方式来丰富和调整烟香使其香味保持稳定。

每种卷烟的叶组配方，都是使用各种不同品种、不同等级和不同来源的烟叶进行配比而成的。由于烟草种植范围极广，地区之间的自然条件、肥料结构、栽培技术、田间管理、采集时间等因素的差异，以及种性退化、品种变异等情况，都会对烟叶香味物质的组成产生影响，可能导致青杂、干苦等不良气息的出现，或使烟草失去原来的香味特征。为了降低卷烟的焦油量，生产过程中采用膨胀烟丝、烟草薄片、接装滤嘴、激光打孔等新工艺和新技术，也会降低烟气香味，因此，也需要通过添加香精的方式来弥补损失的香味，或矫正某些不良的气息。

(2)调整烟味和改进抽吸风味

烟草制品不仅要有馥郁芬芳的烟香，更需具有津甜醇厚而爽口的烟味，以及初味与后味的和谐统一。但是，烟叶产生香味的基础物质(主要是含有挥发性的精油、蛋白质、糖、淀粉、果胶、纤维素、酸、碱、无机物和树脂物等)，常常会出现某些组分是多余的或不平衡的问题，给抽烟的人带来有害的干苦涩口，异味杂气等不良感受，这就要求通过加料加香来调整和改进烟香味。

(3)抑制辛辣刺激和抵消令人厌恶的不良气息

烟草的品质问题，或由于混进尘土碎末等杂质，都会使卷烟制品在抽吸时，产生的辛辣焦苦烟气，剧烈刺激口腔黏膜和咽喉，令人呛咳难受。利用香味物质组分间可能产生增效和抵消作用，加入烟用香精(加料用的和表香用的)，予以掩盖、抑制、释放、中这些不良气味，从而提升吸烟体验。

总之，烟草香精并不是烟草固有的香气物质，而是对烟草香味进行矫正、修饰、强化，甚至增加某种特殊香味的物质。它们被用来对由于基本组分和加工过程所导致缺乏香味的烟草薄片和烟丝增加悦人的烟香，提高香味差的叶片的质量，克服烟草中不良的或辛辣气味的外加组分。

2. 烟用香精的调制要点

调制烟用香精也要遵循香精调制的步骤来进行：明体例、定品质、拟配方。首先要确定所调香精属于烤烟型、混合型或其他香型。以烤烟型为例，应根据烤烟叶组配方的香味特征，有针对性地进行调香，这是第一步，也就是“明体例”。明体例之后，就要根据香型的要求及香精的档次要求(如烤烟型甲级香精)来选定香料，这就是“定品质”，也就是选香料。随后，再根据香料细心调整烟草具有的清香、辛香、膏香、花果香、酒香和奶脂香等香韵间的比例，使之协调平衡，拟定出初步的香

精配方，再经修改、加入叶组配方中评吸测试，最后确定出香精配方，这叫作“拟配方”。

(1)烤烟型香精

烤烟型烟用香精的调制要点在于突出芬芳馥郁、清甜柔和的烤烟自然香味特征，并能抑制或掩盖其辛辣粗刺和令人厌恶的杂味，并对原有优点进行必要的修饰和增强等。

烤烟型香精的大致选料包括：

①甜味剂和保润剂。枣子酊、甘草膏、甘草酸钠、甜叶菊甙、浓缩果汁、大茴香醛、蜜香香精和丙二醇、甘油等。

②矫味、抑制、增强、修饰烟香味的香料有葫芦巴酊、茅香浸膏、菊苣浸膏、排草浸膏、鸢尾浸膏或酊剂、烟叶浸膏、香辛料（欧莳萝、芫荽籽、小茴香、肉豆蔻、独活根、白芷等）浸膏或酊剂，树脂香膏、高碳酸酯和芳香酸酯类、香兰素、坚果核壳浸剂以及非酶棕色化反应中的重排和降解产物等等。

③修饰剂。玫瑰浸膏、烟草花浸膏、金合欢浸膏、树兰花浸膏、加工鲜花精油时分离出来的花蜡和类脂物、苯乙醇和玫瑰醇及其酯类，苯乙醛等等。

④增添果酒香、脂香的香料。朗姆醚、羧酸酯类、除萜柑橘类精油、异丙基苯基二氢吡喃、朗姆香精、白兰地香精、各种果味香精、苹果酸、肉豆蔻酸、乳酸、糠醛衍生物等等。

⑤增添烟草清香的香料。薰衣草油、酒花酊、紫罗兰叶浸膏、叶醇及其酯类等等。

⑥衬托烟香味的香料。缬草、广藿香、香紫苏、香苦木皮、檀香等精油或浸剂，内酯类、坚果香、咖啡酊、愈创木酚等等。

⑦增效剂。β-突厥烯酮、β-环高柠檬醛、麦芽酚等等。

配方中精油或单体香料的用量配比，一般控制在4%左右，酊剂和稀释的浸膏占10%—15%或更多一些，丙二醇或甘油用量占10%左右，并以70%乙醇加满到100%。香精如果喷洒在已烘干到规定含水量的烟丝上，则要控制乙醇中的水分，如果在丙二醇中溶解较好，最好以丙二醇代替乙醇。

(2)混合型香精

混合型烟用香精的调制要点，是着重掩盖烟叶中的不良气息和吸味，增补白肋烟和香料烟应有的香味特征。

混合型烟丝是由烤烟、白肋烟、香科烟按一定比例混合而成的，各种烟叶的特性决定了加料的特点。烤烟轻加料,香料烟一般不加料,白肋烟重加料。白肋烟加料分两次,第一次主要是改进烟味,第二次不仅要增补烟味,重点应在于烟香。总之,白肋烟加料香精,应与烟叶组织紧密结合,渗透力应强且能耐受较高温度,受热后较少挥发散失的香料品种、香味物质前体和美拉德反应产物。

混合型烟用香精的大致选料包括:

①甜味料。甘草酸二钠、甘草酸三钠、甜叶菊、二肽甲酯、胡椒腈、大茴香醛、紫苏肟、对羟基肉桂酸、糖精、罗汉果萃取物、山梨糖醇、丙二醇、甘油等等。

②矫正吸味和抑制刺激杂气的香料。可可粉,可可粉酊、可可壳酊、咖啡酊、菊苣浸膏、茅香浸膏、葫芦巴酊、红茶酊、美拉德反应产物,杏、桃、核桃等坚果壳浸剂、浓缩果汁、巧克力香精和枫槭香精等。

③膏香香料。秘鲁浸膏、吐鲁浸膏、苏合香浸膏、赖百当浸膏、香杜鹃浸膏、排草浸膏、灵香草浸膏、香荚兰豆浸膏、黑香豆浸膏、香兰素、乙基香兰素、洋茉莉醛、肉桂酸、肉桂醇衍生物和苯甲酸酯类等等。

④酯香和烟草特征香味香料。甲基环戊烯醇酮、香紫苏内酯、β-甲基戊酸、戊酸苯乙酯、二氢甲基呋喃酮、鸢尾酊、含氮杂环化合物、苹果酸、肉豆蔻酸、乳酸酯类和苯甲醛等。

⑤蜜甜香香料。苯乙酸、苯乙酸酯类、壬酸乙酯、山萩油和胡萝卜籽油等等。

⑥芳香花香香料。玫瑰花精油或浸膏、烟草花浸膏、树兰花浸膏、金合欢花浸膏、洋甘菊浸膏、橙花油、橙叶油、香叶油、薰衣草油、玫瑰醇及其酯类、苯乙醛、灵猫香膏等等。

⑦清香香料.叶醇及其酯类、酒花酊、树苔浸膏、2-甲氧基-3-仲丁基吡嗪和格蓬浸膏等等。

⑧辛香香料。缬草、欧莳萝、肉豆蔻、丁香蕾、芹菜子、丁香罗勒、小茴香、肉桂、芫荽子、苦香木皮等精油或浸剂、锡兰肉桂叶油、大茴香脑、肉桂酸和肉桂醛等等。

⑨酒香与果香香料。柑橘精油、草莓呋喃酮、覆盆子酮、草莓酸、浆果酸、异丙基苯基二氢吡喃、甲基戊烯酸衍生物、羧酸酯类、各果味香精、朗姆醚、朗姆酒和白兰地酒等等。

⑩龙涎木香香料。香紫苏油、柏木酯、甲基柏木醚、乙酰基柏木烯、龙涎酮、檀香油、白芷酊、独活酊、广藿香油和乙酸岩兰草酯等等。

⑪酚香和特征烟香香料。丁香酚及其衍生物、4-羟基愈创木酚、糠醛衍生物、二甲基醚、2-乙氧基噻唑、烟熏香料和海狸香膏等等。

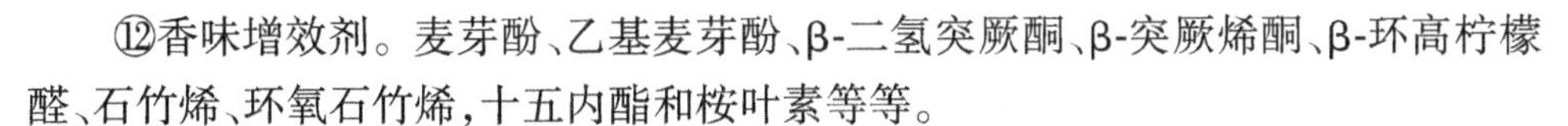

⑫香味增效剂。麦芽酚、乙基麦芽酚、β-二氢突厥酮、β-突厥烯酮、β-环高柠檬醛、石竹烯、环氧石竹烯，十五内酯和桉叶素等等。

混合型烟用香精中精油和单体香料总量一般为5%左右，酊剂和稀释的浸膏类在20%—50%之间，丙二醇约为10%—15%，其余则为95%的乙醇。加料用香精以丙二醇为稀释剂，美拉德反应产物要根据实际情况，选择适当品种和用量，如果需要可占较高的比例。

(3)斗烟用香精

斗烟用香精可参照混合型烟用香精配方。浓香型香精可酌量增添辛香类和膏香类香料的比例；清香型香精则可转到带有酒香、果香、花香的轻快清香香韵的烟香风格。

(4)滤嘴用香精

滤嘴用香精用于滤棒成型时添加在丝束中，因此应选用不带色泽或色泽较浅而不导致变色的香料，而且要不影响丝束的塑性、气流畅通和过滤作用。

3. 加料香精

加料的目的和作用总的来说就是：增强其物理性能（如保润性、燃烧性、韧性等），减少加工过程中的破碎和损失；减轻烟气的刺激性，使烟气和顺，改善吸味，增加烟香。具体地说具有下面五个方面的作用：

①调和烟气，改善吸味，使余味舒适，减轻刺激性。

②增加卷烟的香气。

③增强卷烟的保润能力以及烟丝的韧性。

④增加防霉性能。

⑤增加烟丝的油润感。

4. 加料物质

可供加料的物质种类很多，均有不同的作用。根据物质所起的作用，我们把加料物质分为五类：调味剂、助燃剂、香味剂、防霉剂和保润剂。下面分别讨论每类物质。

(1)调味剂

①调味剂的作用：调味剂主要是糖类物质，加入糖料可调节糖氮比和烟气的pH值，改善吸味，减轻刺激性，使其舒适；另外，糖类物质可与氨基化合物反应生成各种香味物质，增加烟香。如白肋烟、晾晒烟，这些烟叶的刺激性较大，余味不舒适，甚至带有苦味、涩口等缺点，通过加入糖料，调节糖氮比和pH值，可改善其

品质。

加入糖料的多少视叶组配方而定。对含氮化合物高的白肋烟、晾晒烟宜多加糖料;对以优质烤烟为原料的配方,应少加,不然糖分过高,会造成平衡失调,烟味平淡,缺乏香气;对低级且含糖量低的烤烟,适当多加些糖料,有利于改善品质。

②常用的调味剂有:白糖、红糖、葡萄糖、饴糖、蜂蜜、甘油、木糖醇、山梨醇、甘草浸膏等。

③调味剂的用量:一般烤烟型卷烟用量在0.5%—2.0%为宜;混合型卷烟里料中不超过叶重的6%,表料中不超过叶重的4%。

(2)助燃剂

①助燃剂的作用:促进烟支燃烧。

影响烟支燃烧性能的因素有:

a. 烟叶中含钾量。含钾量越高,燃烧性能越好。

b. 烟叶中含氯量。含氯量越高,燃烧性能越差,一般大于2%就会产生熄火。

c. 盘纸材料。

d. 透气性。

e. 水分。

f. 卷制松紧度。

g. 烟丝纯净度。

这些因素均会影响烟支的燃烧性,有的严重时会造成熄火。因此,对熄火的产品必须查清原因,针对性地加以解决。比如熄火是由于配方中某一种烟叶造成的,最好的办法是采用调整配方结构,减少或不用这种烟叶。只有在不得已的情况下才考虑使用助燃剂。因为助燃剂虽能促进燃烧,但它不能彻底解决熄火问题;其次,助燃剂都是化学试剂,价格较贵,用量小效果不明显,用量大了,成本增高,因此应合理使用助燃剂。

②常用的助燃剂:常用的助燃剂有:硝酸钾、碳酸钾、磷酸钾、酒石酸钾、柠檬酸钾、草酸钾或其他有机酸钾盐。

③助燃剂用量:一般在0.01%—0.04%。

(3)香味剂

①香味剂的作用:香味剂的作用是增进和协调产品的香味,掩盖杂气。

由于加料后还要经过高温烘丝过程,因此,香味剂应选择香气稳定持久、耐高温的香料。

②常用的香味剂：茅香浸膏、菊苣浸膏、甘草浸膏、枫槭浸膏、可可粉、枣精以及各种反应性香料。

③香味剂应注意选择水溶性或50%水溶性的，完全醇溶的不易与其他糖料溶为一体，会给生产上增加困难。

(4)防霉剂

烟草制品是极易发生霉变的商品之一。每年，由于霉变都造成巨大的经济损失；同时，霉变后的卷烟会散发出霉气，口感刺喉、辣苦，品质明显变坏，而且霉菌的孢子和霉素对人体十分有害。

卷烟霉变的主要原因是霉菌在烟丝上繁殖的结果。霉菌在卷烟烟丝上繁殖时，需要适宜的条件：营养、水分、温度、湿度和氧气等。烟丝本身所含有的糖分、蛋白质等有机物为霉菌生存繁殖提供了条件。因此，在适当的条件下，霉菌开始繁殖，使卷烟霉变。

使卷烟发生霉变的微生物种类很多，但主要有两种，即曲霉菌和青霉菌。它们生长的最低相对湿度分别为86%、85%，因此，如果将相对湿度控制在65%左右，卷烟含水量正常的情况下(一般不超过14%)，是不适宜霉菌繁殖的，这样卷烟就不会霉变。

为了防止霉变，控制产品的含水率、空气的相对湿度和温度以及提高包装防潮性能是十分重要的，此外，在生产过程中施加防霉剂也是一种很有效的方法。

凡能杀死或抑制霉菌生长和繁殖，防止物品霉变的物质叫防霉剂。

①防霉剂的作用：就是防止烟草制品发霉变质。

②卷烟中常用的防霉剂：苯甲酸或苯甲酸钠，按0.2%的用量加入烟叶中便可起到抑制霉菌繁殖。此外，1,2-丙二醇；1,3-丙二醇；山梨酸等也有较强的抑菌作用。

(5)保润剂

①保润剂的作用：增强烟叶和烟丝持水力、润性和韧性，减少加工过程中的破碎，提高经济效益。

烟叶或烟丝的含水量，随着空气相对湿度的变化而变化。当空气的相对湿度大时，烟叶或烟丝的水分增加；反之，空气的相对湿度小时，烟叶或烟丝的水分就减少而变干。尤其是表面积较大的烟丝、极易受空气相对湿度的影响。当加了保润剂后，就等于在烟丝表面涂上了一层保护层，可以减少空气中湿度对烟丝的影响，增加了烟丝的持水力、弹性和韧性，便于加工处理。

②常用保润剂：甘油、丙二酸、山梨醇、蜂蜜等。

加保润剂应根据地区、季节等情况，自然气候干燥的地区和季节宜多加保润剂，而潮湿地区和季节则宜少加或不加。另外，用量要适当，因为常用的保润剂是甘油，甘油经燃烧会产生丙烯醛，它对人的口腔、喉部有刺激作用，因此不宜多加。

第五章　我国香料行业的发展现状

一、中国香精香料行业概况

随着世界各国经济的增长及社会的不断发展,人们的消费水平日渐提升对于日用品的需求也逐渐提高,发展中国家这一现象更为明显。正是因为如此,世界香精香料产业也因此得到快速的发展。近年来,香精香料产业在全球呈稳步上涨的趋势。除去美元走软的影响,香精香料全球各地销售额增长了4%—8%,发展中国家对香精香料需求的迅猛增加。由此可见,全球各地香精香料企业都得到了不同程度的发展。目前,欧美发达国家市场已基本饱和,因此,竞争的主要地区在发展中国家集中的第三世界。

在不断深化改革和贸易开放的过程中,中国生产香精香料的企业数量持续增加。总计有包括约200家外资企业在内的1 000多家企业生产香精香料。国内整体形成了集体、私营、外资独资、合资企业等多元化投资的新形态。

(一)出口竞争力影响行业发展

1.国外

包括香精香料行业在内的制造业想要有较好的发展、在国际市场上占据较多份额、有较高的国际竞争力,提高出口竞争力不失为一个切实可行的方法。因此,为提高制造业的出口竞争力,国内外学者做了大量工作,并对影响出口竞争力的因素进行了考证,并提出相应的观点。以下是一些学者关于如何提高出口竞争力的看法。

Karsinah(2017)利用矩阵分析法,对出口竞争力各种因素之间的关系进行逐一分析。社会文化、经济、法律、政治四个变量与企业的规划、营销职能相结合,阐述了国际出口竞争力。Jha J(2016)根据RCA(显性比较优势指数)来评价产品的国际出口竞争力。

自20世纪80年代初以来,瑞士国际商业管理发展研究院(IMD)和世界经济研究院(WEF)开始研究国际竞争力评估的理论和方法。两家的国际出口竞争力评价理论、方法和指标体系非常成熟,并随着经济和社会的发展不断调整。其研究成果、评价方法和指标体系已在世界许多国家得到广泛应用。

J. Fagerberg(1995)利用1965年至1987年间16个OECD国家的统计数据,验证了对企业出口竞争力决定性影响的是成熟消费者。LourdesMoreno(1997)根据1978年至1989年西班牙14个制造分公司的数据建立了模型分析,并对制造出口竞争力的决定因素进行了实证测试。

作为技术创新理念的领军人物,哈默认为,随着企业产品和技术的不断创新,企业的出口竞争力将逐步提高,长期沉淀后需要建立产品技术平台。因此,企业的出口竞争力就是企业在经营过程中积累的优势。除此之外,企业出口竞争力领域的资深学者也从技术和创新两方面对企业的出口竞争力进行了分析。他们认为,出口竞争力是产品在产品创新条件下对市场的出口竞争力。外国学者巴顿认为,企业的出口竞争力是一个知识体系,使企业有自己的亮点,同时突出自己在市场上的亮点。

从资源角度分析出口竞争力的学者认为,丰富的资源对市场占有率和自身实力的提升有明显的作用。合理地利用手上的资源能够很好地扩大企业的利润空间。企业要素市场的出口竞争力决定了企业长期可持续性和高利润的特点。综上所述,企业想要持续获得市场高利率则必须有资源。

总而言之,我们可以看到,大多数发达国家为了能够提高本国的出口竞争力,与企业或政府合作建立研究机构进行了大量研究。另一边,学术界的学者们也在为提高出口竞争力作努力,他们提取竞争决定因素,分析其中单因素或多因素,为各个国家和企业提供了国际出口竞争力评价理论支持。

2. 国内

1991年,吴敏如和戴昭昂等人承担了国家科学技术委员会的重要软科学项目和国际出口竞争力研究。1993年,任若恩教授与荷兰格林宁根大学的专家合作,比较了单位劳动成本历史数据,对中国制造业的竞争优势和比较优势进行了定量分析,考查了劳动生产率和使用生产方式等因素,研究了中国制造业所有行业的价格。

1996年以来,中国人民大学经济改革研究所和深圳市综合发展研究所组成中国出口竞争力研究小组。研究小组以西方国家拥有的成熟的理论和方法为基础来研究中国的国际出口竞争力。这对我国出口竞争力和企业出口竞争力的研究是关键一步。

我国香精香料企业的出口竞争力和发展对策研究国际出口竞争力进行了界

定。在国际自由贸易条件下，一个国家的具体产业，其生产能力要比别的国家高，生产出的产品数量可以满足国际市场上消费者购买的需要，并且可持续获利。

中国社会科学院研究员佩长红于1998年出版了《利用外资的产业竞争力》一书，专门研究“利用外资的产业出口和竞争力”。李玉平在2006年总结了几大影响外贸出口竞争力的几大因素。李兴彪在2018年的时候总结了国际出口竞争力的概念、来源和理论。在阐述了国际竞争力的一般评价方法之后，他从国家、产业和企业三个方面提出了国际出口竞争力的评价方法和模型。最后，他对国际出口竞争力的决定因素进行了实证研究和评价。宋范飞在2018年运用领先的比较优势指数，分析了我国工业制造业劳动密集型产品和资本技术密集型产品的出口竞争力。通过与其他国家的比较，宋范飞在国际竞争中定位了我国工业产品出口竞争力的地位，深入探讨了工业产品出口竞争力的可持续发展。

吴崇波在2018年利用出口竞争力指数测试了2000年至2016年17年间中国36个行业的出口竞争力。结果表明，包括服务行业在内的13个行业具有长期比较优势，具有长期比较劣势的行业有包括化纤制造行业在内的9个行业，包括非金属开采和矿产加工行业在内的7个行业具有相对优势。种子产业电子通讯设备制造行业的相对优势正在增加。同时，对四大要素密集型产业的贸易出口竞争力进行了检验。分析实证结果，提出了提高我国工业贸易出口竞争力的方法和对策。2018年，马文秀阐述了在金融危机背景下中国企业正面临的困境，运用全球价值链理论研究了后金融危机时期的企业升级路径，并提出了相应的升级对策。高宁光在2018年阐述，作为“世界工厂”，中国的外贸出口正在快速增长，但只有少量出口嵌入在全球价值链的顶端，大量低端出口将导致一系列问题。因此，建议改变单一“世界工厂”的尴尬局面，将出口转化为内涵发展。从OEM升级到ODM和OBM，从选择性产业政策升级到功能性产业政策，应建立国家价值链。

随着人类社会的不断向前发展，贸易市场竞争也逐渐进入白热化。在此背景下，许多学者对这一领域进行了研究，并提出了自己的观点。时任国务院发展研究中心副主任的陈庆泰，在1999年上海《财富》年度会议上说，企业的出口竞争力意味着企业在产品、服务、技术和管理方面不断突破传统。营销手段是不断创新，以适应不断变化的市场。这也表明在提高企业出口竞争力方面，技术、营销和管理具有重要作用。时任中国社会科学院副院长陈谷贵认为，企业出口竞争力是指企业在不断沉淀的过程中的知识和能力，特别是在各种生产技术的综合运用方面，使管理、技术、产品和服务具有自己鲜明的特色，在竞争激烈的市场中占据优势。符合我国国情的国际出口竞争力理论、评价方法和指标体系，为今后的发展提供了全面、坚实的理论基础。

（二）中国天然香料和香料植物的资源现状

我国的天然香料植物资源丰富，从南到北都有香料植物的分布，但主要香料产地集中在长江以南地区，以广西、贵州、海南、云南、湖南、广东、福建、四川、湖北等产量最大。据不完全统计，目前已知全球有 3 000 多种含精油植物，但在国际市场只有 500 种左右的天然香料在名录上有记载，已经商品化、可以工业化生产的不过 100—200种（属于近 60 个科的植物）。我国就有分属 62 个科的 400 余种香料植物，目前已有生产的 120 多种天然香料，其中，薄荷油、桂油和茴香油的产量已稳居世界第一。传统的出口商品八角茴香（八角茴香油产量占世界总产量的 80%）和中国桂皮（中国肉桂油产量占世界总产量的 90%）主要分布于华南各省及福建南部，尤以广东、广西最多；闻名世界的中国薄荷脑及薄荷素油主要产于江苏、安徽、江西、河南等省；山苍子油主要产于湖南、湖北、广西、江西等省；名贵的桂花资源主要分布于贵州、湖南、四川、浙江等省；柏木油主要产于贵州、四川、浙江等省；四川、湖北主要盛产柑桔、甜橙、香橙、柚、柠檬等；一些纯热带香料植物如香荚兰、丁香、肉豆蔻、胡椒等主要栽培于海南和西双版纳地区。我国盛产的香料油品种还有杂樟油及樟脑、香茅油、姜油、桉叶油、留兰香油等。此外，香辛料植物资源如生姜、洋葱、大蒜、辣椒、芫荽、小茴香等在我国南北各地均有栽培，并且每年出口数量巨大。

综上所述，无论在香料植物资源上，还是目前已经形成商品的天然香料的品种和数量上，我国在国际上均已占有一定的地位，已成为天然香料的生产大国之一。

作为天然香料的生产大国，我国香料生产具有品种多，产量大，但整体生产水平低的特点，出口产品以初级原料为主，精制品的出口很少，产品附加值较低。日本、西欧从我国进口初级原料，利用其先进的加工技术进行加工处理成精制的精油后，将其出口到北美、远东及世界各地，其中也包括我国。

我国香辛料资源和储备较为丰富，但种植地区较为分散。天然产物的香辛料，因气候、土质、品种和管理的不同，会造成巨大的形状、色泽和风味不同。在我国经济发展的同时，食品工业也进入了快速发展阶段。然而，目前食品工业中，使用香辛料的一些行业竞争非常激烈，导致消费者对香辛料的价值和价格认识模糊不清，过度追求低价格。香辛料的价格逐渐不合理，因此掺假造假现象时有发生，这使消费者反感和抵制的情绪上涨，不仅对正规香辛料生产企业造成了巨大冲击，而且对下游产品的稳定性和标准化实施造成了不小的影响，使食品企业提升产品竞争力

有一定困难，难以实现由数量品种增长向质量效益增长的转变。此外，一些香料生产企业不加节制的开发自然资源，资源消耗高、效益低，并对环境有不小的破坏。另外，合成技术的日渐成熟，导致部分天然香料受到合成产品替代的冲击，价格波动剧烈且供应不稳定使消费者转向合成产品。行业中大量资金涌入，生产厂家大量增加导致产能过剩，竞争更加激烈。

总的来说，我国作为天然香料的生产大国，面临着一系列挑战和问题。为了提高整体生产水平和附加值，我们需要加强技术创新和加工处理能力，增加精制品的出口比重；同时，应加强对香辛料市场的监管，打击掺假造假行为，提升消费者对香辛料的认知和价值意识。此外，还应积极推动可持续发展，采取合理的资源管理和环境保护措施，确保香辛料产业的可持续发展。

（三）我国现阶段香精香料行业呈现的特点

1. 原国有企业的行业地位在逐渐下滑

在中国香精香料市场中，那些创建时间长、具有高知名度、产品品质稳定、价格亲民以及具有良好信誉的国营老牌企业备受用户好评。例如上海孔雀香精香料有限公司、广州百花香料股份有限公司以及杭州西湖香精香料有限公司（原杭州香料厂）等企业，它们曾经在市场上独霸一方。

然而，随着国有企业积极进行体制改革和产品结构调整，后续发展因这些改变产生了一定的影响，使得少数国有骨干企业的主导地位在中国香精香料市场逐渐减弱。此外，这些国有企业多年来一直面临着投入不足、付出较多以及沉重的包袱等困境，导致它们的后劲已经不如以往，无法更好地发挥过去的优势。

因此，这些国有企业的生产和销售步伐只能小幅前进，甚至有些企业的销售额呈现下降趋势。与此同时，国有企业在行业中的地位明显下降，逐渐接近行业的边缘。尽管它们过去在市场上的主导地位备受赞誉，但现在却难以与日益崛起的竞争对手相抗衡，这使得它们的市场份额不断缩小。

2. 民营企业异军突起，已成市场的中坚力量

近年来，民营企业在国家的帮扶下快速发展起来。他们通过弹性的经营机制和可以广泛应用市场需求的机制，快速适应市场经济的发展。由于没有历史包袱和后顾之忧，民营企业近年来迅速壮大，市场占有率不断扩大，民营企业已经成为中国香精香料市场的中流砥柱。

然而，大多数民营企业存在规模较小，相对薄弱的经济技术实力，较低的品牌知名度，产品质量忽高忽低等问题，因此只能通过有公司特色的方式来生存和发展。民营企业能够不断扩大规模,逐渐成为香精香料行业的重要力量也只有少数企业。例如,爱普香料集团股份有限公司就是一个典型的例子。该公司为了振兴民族品牌,从零开始,建厂几十年来,始终坚持以科技兴企和质量效益为导向的发展道路。公司发展迅速,已经能够生产经营千余种产品,包括天然香料、合成香料、生物香料以及各种香精。其生产能力已达到2万余吨。公司的科技团队共有150人,其中博导、教授、博士、硕士和高级工程师占比超过3成。2010年,该公司的销售收入同比增长了30%。被誉为国内香精香料行业规模大、装备先进、环境优美的花园式工厂。

3. 三资企业已占据市场的半壁江山,且高端产品市场被三资企业牢牢占据

在中国香精香料行业不断发展的条件下,三资企业凭借其技术和经济实力优势在该行业中表现出强大的竞争力。目前,全球十大香料公司已经纷纷选择在中国投资建厂,有些公司甚至在中国多地都设立了工厂。这些三资企业因其高知名度品牌、先进的技术、智能的生产设备、较高的资金投入、稳定的产品质量以及符合发展的经营理念,实现了快速的发展。

在中国香精香料行业中,这些三资企业的中高档产品已经成为不可撼动的主导力量,引领行业的潮流。目前,在市场份额方面,占据前列的是奇华顿、芬美意等跨国企业,它们在我国食品香精市场占约17%,在日化香精市场占约60%,主要面向中高档市场。其次是国有企业,它们在我国食品香精市场占据约55%,在日化香精市场占约15%,主要以中低档产品为主导。第三是民营企业,它们在我国食品香精市场占约28%,在日化香精市场占约25%,主要以中低档产品为主导。总的来说,三资企业在中国香精香料行业的竞争中发挥着重要的作用。它们的投资、技术和市场份额都对该行业的发展起到了推动作用。随着中国经济的不断发展,预计三资企业在香精香料行业中的地位和影响力将继续增强。

(四)国际香精香料发展现状

随着社会不断进步和全球经济的快速发展,人们对食品和日用品质量的需求不断提高,这催促着香精香料行业不断进行产品升级。最近这些年,国际香精香料贸易的销售额持续上升,除去美元走软的影响,全球销售额平均增长了4%—8%。特别是发展中国家对香精香料具有较高且不断增长的需求,促使香精香料企业全球化发展加速。然而,目前在全球排名靠前的香精香料公司主要集中在欧美地区。

在美国本土,蓬勃发展的香精香料企业有超过120家,其中就有位居全球第三的大型企业IFF(Imternaional Flavors and Fragrancesinc)。IFF在全球各地设有工

厂、实验室和办事处，2017 年销售额达到 27.88 亿美元，占全球市场份额的 12.89%。自 2016 年以来，IFF 已在亚洲投资了 1 亿美元，2018 年在中国设立了多个办事处、实验中心，并在东南亚和印度开设了销售点和生产基地。

瑞士的香精香料具有悠久的历史，世界一流的香精香料公司在瑞士共有两家。其中，奇华顿公司是全球规模最大、实力最强的香精香料公司，每年生产的原料香料有 300 多种，年销售量通常是世界第一。另一家瑞士公司芬美意在过去十年里，其香精香料销售额稳步增长。为了使其在全球香精香料行业前三的位置保持稳定，芬美意还收购了 Quest 公司的部分业务。

此外，在国际市场上领先的香精香料企业还有德国、法国、日本等国家。例如，德国的德之馨公司在全球香精香料行业中具有重要地位，拥有广泛的产品组合和全球销售网络。其技术创新和市场开拓使其在国际竞争中保持竞争优势。

法国的香精香料行业也非常强大，拥有众多知名企业。其中最具代表性的是著名的香水和香精公司欧莱雅集团。欧莱雅是全球领先的美容化妆品公司，其在香精香料领域拥有雄厚的实力和丰富的经验。公司通过不断创新和投资研发，不断推出符合市场需求的高质量产品，使其成为行业中的佼佼者。

日本也是一个重要的香精香料生产国家，拥有世界知名的香精香料企业。其中，高砂香料工业株式会社是日本最大的香精香料公司之一，其产品广泛应用于食品、饮料、香水、化妆品和个人护理产品等领域。该公司致力于不断推动创新，提高产品质量和安全性，并积极开拓国际市场。

除了上述国家，还有许多国家也在香精香料行业中发挥着重要作用。例如，荷兰、比利时、巴西等国家的企业也在全球范围内取得了良好的业绩，并在国际市场上享有盛誉。

总的来说，全球香精香料行业竞争激烈，各个国家的企业都在不断努力提高产品质量、创新技术和拓展市场。通过全球化发展和跨国合作，香精香料行业不断推动着全球食品、饮料、化妆品等领域的发展，并为人们提供多样化、高质量的产品。随着消费者对品质和个性化需求的不断增长，香精香料行业有着广阔的发展前景。

二、我国香精香料行业面临的机遇与挑战

（一）中国香精香料行业发展的优势

1. 互联网营销

电子商务营销渠道的发展为香精香料企业提供了广阔的机遇。首先，电子商

务的特点之一是通信速度快，这意味着企业可以及时与消费者进行沟通和互动。通过在线平台和社交媒体，香精香料企业可以与消费者建立直接的联系，了解他们的需求和偏好，从而提供更加个性化的产品和服务。

其次，电子商务的运行效率高，这对于香精香料企业来说是巨大的优势。借助建立一个完善的电子商务平台，企业可以实现订单管理、库存控制、物流配送等各个环节的自动化和优化，从而提高运营效率并降低成本。同时，企业还可以利用数据分析和市场调研工具，深入了解消费者的购买行为和趋势，以便更好地调整营销策略和产品定位。

第三，电子商务的覆盖面广，可以帮助香精香料企业扩大影响力和销售市场。借助在线平台和社交媒体，企业可以突破地域限制，将产品推广到全国甚至全球的消费者面前。此外，通过与其他行业的合作和跨界营销，香精香料企业还可以借助电子商务平台的影响力，吸引更多潜在客户和合作伙伴，进一步扩大市场份额。

第四，电子商务的强互动性，可以增强品牌形象和用户黏性。通过社交媒体等互动渠道，香精香料企业可以与消费者进行实时互动，解答疑问、解决问题，并收集反馈和意见。这种双向的沟通和互动能够增强消费者对品牌的认同感和忠诚度，建立良好的口碑和品牌形象。

电子商务营销可以帮助香精香料企业弥补其知名度小、融资能力不强、影响范围不广、销售渠道不多等不足。通过充分利用电子商务的优势，香精香料企业可以实现更广泛的市场覆盖、更高效的运营管理、更精准的营销策略，并与消费者建立更紧密的联系，提升销售业绩和品牌价值。

2. 跨境贸易

跨境贸易的兴起不仅改变了传统的商业模式，同时也带动了各类信息产业的快速发展，其中包括平台支付和国际运输等领域。随着全球化程度的提高，越来越多的企业和消费者参与到跨境贸易中，这为物流业带来了巨大的机遇和挑战。

在我国，物流在各地区都处于不断发展的阶段，物流园区的建设也在向规范化靠拢。政府也开始对物流业重视起来，对物流业的重视程度不断提高，投资鼓励企业进行基础设施建设，以提升物流运输效率和服务质量。例如，加强交通基础设施建设，改善公路、铁路、航空等运输网络，以便更加高效地连接不同地区和国际市场。同时，政府也加大了对物流园区的规划和建设支持，通过优化园区布局、提供便利的运输和仓储设施,促进物流业的集聚和发展。

另外,新的出口贸易模式对企业提出了更高的要求,传统的生产和销售模式已不适应现在的社会。随着产品多样化和定制化的需求增加,企业不仅需要加强生产能力,而且还要注重创新和开发。创新不仅包括产品设计和技术创新,还包括供应链管理和物流运作的创新。企业需要更加灵活和高效地整合资源,以适应跨境贸易的需求。同时,为了满足消费者对质量和服务的要求,企业还需提升服务质量和客户体验,建立良好的售后服务体系。

跨境贸易的发展也促进了物流服务提供商和平台支付机构等信息产业的繁荣。物流服务提供商通过建立全球化的物流网络和合作伙伴关系,提供多样化的物流解决方案,帮助企业降低成本、提高效率。平台支付机构则通过安全便捷的支付系统,为跨境贸易提供了可靠的支付手段,增强了交易的可信度和流动性。

总之,跨境贸易对我国物流业和相关信息产业带来了广阔的发展机遇。政府的支持和投资、企业的创新和开发,以及物流服务提供商和平台支付机构的推动,将共同推动跨境贸易和相关产业的进一步发展。

3. 香精香料行业发展电子商务规模

2017 年,香精香料行业的企业对企业(B2B)交易占总收入的 73.0%,而阿里巴巴这样的电子商务平台贡献了总收入的 50.1%。自从 2015 年在中国推广 B2B 运营平台以来,金融服务如网上结算、贷款等如雨后春笋般涌现,这些服务以提供便利的方式支持了网上交易。一些关键的金融服务包括"经验支付效应"和"线下结合"等,这些服务的出现对网上交易的发展起到了进一步的促进作用。

然而,由于互联网上的 B2B 交易量庞大,对于网上支付环境的安全性和消费者的消费习惯要求也更高。这导致一些企业对于网上交易模式并不能做到完全接受。这种情况要求金融服务不断调整和改进,以提供更安全可靠的支付环境,增加企业对网上交易的信任度。这可以通过加强支付系统的安全性和保护消费者个人信息等措施来实现。

同时,为了进一步发展消费者的网上交易习惯,还需要采取一系列措施。首先,提供良好的用户体验,使得消费者在网上交易过程中感到方便、快捷和安全。这可以通过简化购物流程、提供多种支付方式和强化售后服务来实现。其次,推广网络安全知识,提高消费者对网上支付安全的认知和警惕性。这可以通过开展安全教育活动、提供安全支付指南和加强网络诈骗的打击等方式来实施。

总之,虽然 B2B 交易在香精香料行业占据了重要地位,但仍然需要不断调整和改进金融服务，以满足企业对于安全支付环境的需求，并进一步培养消费者的良好的网上交易习惯。这样才能促进香精香料行业的持续健康发展。

(二)中国香精香料行业存在的问题和面临的挑战

1. 存在的问题

(1)价值链低端化，研发投入少，创新能力低

中国的香精香料行业一直处于微笑曲线的底部。尽管该行业面临一些如技术水平的不高、资本不足和市场开发能力的不高等问题，但中国企业仍需要依赖发达国家企业主导的价值链来运作。跨国企业通常提供设计精良、销售稳定的产品，而国内企业可以生产这些产品在制造环节取得一定的利润。

然而，随着跨国公司的资本、技术和管理经验的投入，本地企业往往会陷入严重依赖跨国公司的困境，这会造成本土企业缺乏创新动力和创新能力。大量的国际贸易数据显示，在全球产业链中，高端部分的利润占整个产品利润的 90%—95%，而低端部分的利润仅占 5%—10%。

近十年来，中国的香精香料行业在研发资金投入方面严重不足，仅占销售额的1%左右。与发达国家相比，中国拥有较少的合资企业，也没有经济规模巨大的跨国香精香料公司，这造成了中国行业在技术和市场上相对落后二十年以上局面。此外，只有少数本土香精香料企业愿意进行大规模的研发投资。其原因在于大多数企业眼光不够长远，缺乏创新能力和发展潜力。相比之下，国外知名企业的研发费用占比通常在 6%—10% 之间。

中国的香精香料行业长期以来一直专注于低端价值链，其优势主要在于成本低廉和价格低。然而，一旦金融危机爆发或者欧美消费市场出现疲软，将导致订单和利润都会减少。如果同时人民币升值，劳动力和材料成本增加，那么在内部压力与外部环境的冲击下，企业更容易陷入生死边缘。

(2)同质化日趋严重，企业之间恶性竞争

中国的香精香料企业目前发展方向在产品开发和生产，核心竞争力有所欠缺，这是由于自主知识产权拥有量很少。在发达国家的知识产权到期后，许多香精香料企业会在中国市场上使用这些知识产权。其中部分企业甚至不遵守法律，在知识产权未到期的时候就开始生产类似产品，只更换产品名称，以低价出口到其他国家。这种做法不仅触犯法律侵犯了知识产权，也损害了中国企业的声誉。

部分企业对成功和利润有着急切的追求，企业内的技术人员会收到来自其他公司的邀请，并面临创新能力的挑战。外来企业在人才招聘方面对本土化更加注重，他们更倾向于招聘本地人员或对中国市场熟悉的人员，这样可以更快地适应市场并起到积极作用。国内企业现在的经营环境持续低迷，企业的发展空间受激烈的竞争影响较大，因此大部分企业不得不将发展重心放在低成本路径的产品上，这是需要国内企业解决的实际问题。

目前，中国有着数量较多的小规模香精香料企业。然而，这些小型企业尚未形成以中国企业为主导的完整价值链。企业内部产业链的不正常发展导致同质化产品的数量越来越多，企业之间的主要关系为竞争关系，只有极少数企业之间存在相互合作的关系，无法形成互惠互利的分工和合作体系。为了争夺为数不多的国际订单，恶性价格竞争在同质化严重的小微企业里常有发生，这导致在与采购方进行议价的时候处于不利地位。

(3)品牌建设意识淡薄

良好的品牌形象对国际贸易中利益的分配有着关键的作用。打造一个知名品牌需要资金的投入、知识的积累和时间的沉淀，但它可以带来许多好处。首先，拥有独立的品牌能够增加产品的附加值，使其与其他同类产品区分开来，从而在竞争激烈的市场中脱颖而出。这为企业赢得更高的市场份额和更大的利润空间提供了机会。

此外，品牌形象还有助于建立消费者对产品的信任和忠诚度。一个强大的品牌能够让消费者产生认同感和情感共鸣，使他们更倾向于选择该品牌的产品。这种品牌忠诚度有助于企业保持稳定的客户基础，提高重复购买率，进一步增加销售和利润。

对于中国的香精香料出口企业来说，缺乏独立的知识产权和品牌形象成为制约其发展的主要因素之一。大部分香精香料产品由跨国企业代工生产，缺乏自主设计和创新能力。这导致产品同质化现象严重，难以在国际市场上树立自己独特的形象和竞争优势。

目前，中国本土品牌在香精香料的出口总额中占比不到一成，这表明我国大部分产品都没有独立的品牌价值。品牌意识的缺失和品牌建设的落后给中国本土产品带来了很多不良影响，最突出的表现是国际市场上普遍认为中国制造是低端、低质量、低价格的代表，给整个中国产品的形象带来了负面影响。

2. 面临的挑战

(1)日渐激烈的国际竞争

近些年来,香精香料的需求量在亚太区域增长迅速,以年均 7 396 人次的速度增长,为香精香料企业的发展提供了机会,但同时也会给企业带来挑战,所有人都想抓住每一个机会。因此国内企业与国外企业之间的竞争将会更加激烈,国内竞争进一步国际化。

(2)新产品数量过少

由于缺少研发资金的投入,中国香精香料产品的新品较外国企业来说少得多。已知世界上目前有香精香料产品 7 000 余种,中国生产的仅有 600 余种。这就造成了国内企业在与外国企业的竞争中处于不利地位,被动地参与竞争,使得与生产香精香料的国际企业的距离进一步加大。

(3)过多的企业监管,小企业生存面临挑战

由于近年来对企业监管的加强,小微企业的生存压力越来越大。香精香料产品在生活中随处可见,与人们的关系非常密切,因此人们对其安全性和对环境的影响越发关注。随着人们安全意识和环境意识的提高,他们把关注重心逐渐转移到健康问题上,这使得香精香料企业面临着巨大的挑战。

为了使香精香料产品的安全性和质量得到保障,自 20 纪 80 年代起,香精香料和化妆品公司需取得许可证才能进行生产,许可证有效期为 5 年,到期后需换证才能继续营业。国家市场监督管理总局(原国家质量监督检验检疫总局)在 2014 年更换了香精香料和化妆品公司的许可证,进一步提高了生产企业的准入门槛。这意味着香精香料企业需要更加严格地执行各项法规和标准,以确保产品的质量和安全。

然而,许多小型香精香料企业面临一些困难。首先,由于技术能力相对较弱,它们可能无法满足新的监管要求。这可能涉及生产过程的监控和控制,原材料的选择和测试,以及产品的质量检验等方面。小企业可能缺乏必要的资源和专业知识来满足这些要求,从而使得它们难以获得新的许可证,进而影响其正常运营。

其次,小企业的检测手段可能相对不完善。在香精香料行业,准确地检测和评估成分的安全性和环境影响至关重要。然而,小企业可能无法投资和采购先进的检测设备和技术,从而导致其无法满足监管机构对产品质量和安全性的要求。

因此,小企业需要采取积极的措施,改进其技术能力,提升产品质量,加强与监

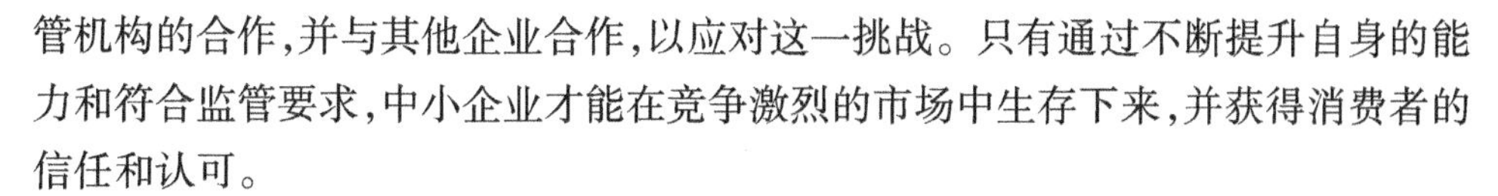

管机构的合作，并与其他企业合作，以应对这一挑战。只有通过不断提升自身的能力和符合监管要求，中小企业才能在竞争激烈的市场中生存下来，并获得消费者的信任和认可。

(4)平衡资源的开发和保护工作迫在眉睫

虽然我国天然的香精香料资源储备十分丰厚，但由于部分地方的加工技术相对落后，会有大量的资源损失。部分企业为了获取更多的利润，经常会对资源进行过度开采和掠夺性开发，环境也因此被严重破坏。这种行为不仅损害了自然资源，还对生态环境产生了负面影响。因此，在香精香料行业的发展过程中，需要在环境保护与资源开发之间找到平衡点，使之可持续发展。这应当是我国企业共同的追求。

首先，必须建立健全的环境保护法律法规和监管体系，加强对香精香料行业的环境监管。监管机构应加强对企业的日常监督，确保企业遵守环境保护相关法规和标准，采取有效的措施减少环境污染和资源浪费。

其次，需要加强环境意识和责任意识的培养。企业应该树立绿色发展理念，认识到环境保护对于企业长远发展的重要性。通过引入环保技术和设备，改进生产工艺，减少废弃物和污染物的排放，实现生产过程的清洁化和资源的循环利用。

同时，应推动科技创新，提升加工技术水平。通过研发和应用先进的加工技术，提高香精香料的提取效率和质量，减少原材料的消耗，降低对自然资源的依赖程度。这有助于保护自然资源，减少对自然环境的破坏。

此外，应鼓励企业开展可持续发展的经营模式。这包括促进循环经济，加强绿色供应链管理，减少能源消耗和废弃物产生，提高资源利用效率。同时，加强与当地社区和环保组织的合作，共同推进可持续发展的目标。

(5)人才大量流失

自加入世界贸易组织(WTO)以来，原国有企业的大量专业技术人才被大型国际企业和民营企业吸引，导致了原国有企业的人才流失严重，不仅使国有企业的研发能力进一步下降，而且会使原本占有优势的传统技术优势不再明显，从而导致的产品出口竞争力进一步降低。如此恶性循环将限制了企业的持续发展。

(三)国际香精香料行业的发展经验和特点

随着社会的进步和经济的发展，人们的生活水平不断提高，对高质量的食品、日常用品的追求，工业的进一步发展，消费品的刺激，使世界香料工业得到进一步发展。1990 年国际上合成香料和食用、日用香精的总销售额为 78 亿美元;1995 年的销售额较 1990 年增加 18 亿美元,达到 96 亿美元;2001 年销售额同比增长 6 亿美元;2002 年全球香精香料的销售额达到 151 亿美元,其中香精销售额排第一,占比约为 41%,香料位居第二,约占 35%,芳香油和芳香化学品的销售额并列第三,各占 12%。纵观国际上所有香精香料工业的发展过程和实际情况,其发展具有以下特点:

1. 企业收购热潮涌起,规模经济效益显著,市场竞争加剧

乔治·J·施蒂格勒曾说过:一个企业通过兼并其竞争对手的途径成为巨型企业是现代经济史上一个突出现象。奇华顿、IFF 等公司没有一家长久地坐在第一的位置,老大位置在轮流转换,从这也可以看出国际香精香料市场的竞争非常激烈。2000 年 8 月,IFF 公司以 9.7 亿美元收购了 Bush Boake Allen 公司(BBA),而奇华顿兼并了 PAGEMAKE 公司,收购了 FIS 公司。这些并购活动极大地提升了企业的市场份额和竞争力,导致新公司进入这一行业将会遇到非常大的障碍。世界上规模较大的日用和食用香料公司大部分成立时间都比较长。目前营业额大于 2 500万美元的香精香料公司,其成立时间至少有 25 年。为了保持企业的竞争力,占据较多的市场份额,大多数香料公司都在进行不断的兼并、合并和合资来进行公司重组。

过去的十几年时间里,超过 40 家规模相对较大的香料公司被世界十大香料公司合并,而这些大型公司则是财力更大公司合并的对象。由于西欧是香精工业的摇篮,传播出去后在日本和北美有很快的发展。因此这两者的市场相对稳定,基本趋于饱和状态,世界市场竞争最激烈的地方主要集中在亚洲、南美洲和大洋洲等地。在这些地区里面,中国、东南亚地区香精香料的市场是最具潜力的,同时也是竞争尤为激烈的。国际十大香料公司在本国(地区)的销售额最多的只占五成,最少的仅有三成,其余部分全部销往其他国家和地区。香精香料在欧洲、北美洲的消费市场已经趋于饱和。与此同时,亚洲各国的经济发展迅速,为世界经济的增长作出了不小的贡献,因此各大公司将市场关注的重点放在了亚洲。除此之外,大洋洲和南美洲等地的发展中国家也是他们重点关注的对象,最近的数据表明,各大公司在这里的投资与销售呈上升的趋势。

自 20 世纪 90 年代以来,全球香料工业逐渐呈现出垄断的迹象。从国际十大香料公司 1998—2002 年的销售情况来看,1997 年,全球十大香料公司的销售额共计有 76.12 亿美元,几乎占全球总销售额的 76%;到 2000 年,十家销售额虽有所下降但也有 73.75 亿美元,仍占全球当年 121 亿美元总销售额的 61%。2002 年十家香料公司的销售额为 97.5 亿美元,全球总销售额占比上升到 64.5%以上。而这十大香料公司都集中在西欧、美国和日本。从这里我们不难看出,发达国家和少数规模巨大的公司垄断了世界香料工业。

2. 投入高科技,加快产品研发,巩固企业领先地位

各个跨国公司都会拿出相当部分营业额来进行产品研发。美国 IFF 公司每年用于研究与发展的资金占当年营业额 6%以上;英国奎士顿公司投入的研发资金最高可达到当年营业额的 10%,最低也有 6%;瑞士奇华顿每年用于研究与发展的资金占当年营业额 10%。最近几年中,美国 IFF 公司用利润 3 倍多的资金进行设备投资,除去这些还有周转金 2.89 亿美元;瑞士奇华顿公司为铃兰醛生产线的建设投资 3 500 万美元,以保证自身的竞争力和利润;2005 年芬美意全年共申请专利 35 项,投入资金占营业额的 10%,其每年都花营业额的 10%用于基础研究,这些年从未间断,是因为它知道,只有走在人家前面,自己拥有的产品是别人没有的,这样才能在与其他企业竞争中处在有利地位,才能有其独特性,销售额可以不排在前面,但技术实力须在世界上排前一、二名。

3. 完善法律法规,关注安全与环境

通过市场的调控,香精香料安全性的检测已形成较为完善的标准,也有较为规范的检测机构,行业协会也为确保香精香料的安全和环保方面做了大量工作。国际上出现的"食品香料工业国际组织(IOFI)""国际香料协会(IFRA)"和美国的"食品香料和萃取物制造者协会(FEMA)""国际日用香精研究院(REFM)",美国食品和药品管理局(FDA)等机构,推动了香料工业安全性的法律的问世。目前已有 1 800 多种食用香料被"FEMA"认定为安全。生产、使用香料产品对环境的污染问题也被重视起来。

4. 以香精为龙头的合理的产业结构

作为优化产业结构的一个重要内容,产业结构的合理化也是产业结构高级化的基础。从各国产业结构的演进历史上不难看出,没有合理化的基础,产业结构高级化的实现就难以完成。

能够正确判断产业结构对于评估一个产业的健康发展和可持续性非常重要。目前常见的标准主要有以下五个方面:①与"标准结构"的差异:标准结构是指在特定市场条件下,各个产业之间达到一种相对均衡和相互依存的状态。通过比较产业结构与标准结构的差异,可以判断一个产业的健康程度。若产业结构与标准结构相差较大,可能存在资源配置不合理、过度依赖某一产业等问题。②对市场需求的适应程度:产业结构应与市场需求相匹配,即产业的产品和服务能够满足消费者的需求。若产业结构能够及时调整和适应市场需求的变化,说明该产业具备较好的适应能力和灵活性。③产业间均衡的比例关系:产业间的均衡比例关系是指不同产业之间的相对比例和协调度。一个健康的产业结构应该是多元化的,各个产业之间的比例关系相对平衡。过度依赖某一产业可能会带来结构性风险和不稳定性。④对资源的合理使用:产业结构应能够合理利用资源,包括自然资源、人力资源和资本资源等。合理的资源利用可以提高产业效率和可持续性,减少资源的浪费和破坏,从而保护环境和促进可持续发展。⑤可持续发展:产业结构的可持续发展是一个重要标准。一个健康的产业结构应当考虑经济、社会和环境的可持续性。产业应以经济增长为基础,并且兼顾社会公正及对环境的保护,以实现人与自然和谐发展,使经济、社会和环境三者良性发展。通过综合考察以上五个方面,可以对一个产业的结构进行全面评估和判断。这有助于发现产业发展中存在的问题和不足,并提出相应的政策和措施来促进产业结构的优化和健康发展。

国际十大香精香料公司在全球整个行业中处于领先地位,是因为它们产业结构相对合理,其以香精为龙头的产业结构促使它们有了今天的地位。以香精占主导的结构模式在几乎所有发达国家和十大香料公司里都能看到,如原英国 BBA 公司产品结构基本保持在:合成香料占 25%—29%,香精占 71%—75%;又如日本香料工业中香精产品占比为 75%—78%。香精所带来的高附加值,使这些国际性的大公司的销售额远超国内企业。目前我国香精香料工业中香精和香料产品占比较均匀,各占一半左右。调查数据显示,发达国家生产的添加合成香精的化妆品市场占比由 50% 降到 20% 以下,研发和生产销售天然香精成为主流趋势。

5. 善于把握行业流行趋势

能够抓住机遇,引领时尚潮流,影响消费方式,因此,这些国际大公司才能一直在产品研发方面走在行业前列。以化妆品为例,自香水问世以来,流行趋势几经变换,20 世纪 60 年代新乙醛备受欢迎;20 世纪 70 年代爽朗的绿香调被广泛使用;到了 20 世纪 80 年代,女性开始变得更加自信,豪华妖艳的东方调颇为流行;20 世纪

80 年代后半期，自然取向又被重视起来；20 世纪 90 年代香水的品种越来越多，中性香水和婴儿香水也在这个时期出现；20 世纪 90 年代末，香水的香味又开始复古，淡粉花香调再度回到人们的视线，清淡的花香相对流行。

三、我国香精香料行业的发展思路和对策建议

（一）发挥我国香料资源比较优势，构建我国香料行业的竞争优势

1. 比较优势理论

依据亚当·斯密的绝对优势理论，大卫·李嘉图进一步提出比较优势理论，他提出各国生产技术上的相对差别会造成生产成本和产品价格的相对差别，从而使各国在不同的产品上具有比较优势。处于劣势地位的两种产品之间的差别是存在的，两者比较总有一种产品相对来说不那么劣势，即具有相对优势。李嘉图实际上已经指出，若一产业在生产技术上具有相对有利的地位，在国际上它的商品就会有强大的竞争力。李嘉图的比较利益论是有所不足的，其仅仅考虑了生产技术的差异对竞争的影响。20 世纪初，瑞典经济学家奥琳与其老师赫克歇尔提出了资源禀赋理论（H－O 理论），其理论指出生产成本和商品价格的不同是受生产要素比例的差别控制的。H－O 理论表述为：不同的商品生产需要不同的生产要素比例，而不同的国家拥有不同的生产要素。各国在生产那些能较密集地利用其较充裕的生产要素的商品时，必然会有比较利益的产品。因此，每个国家最终将出口能利用其充裕的生产要素的那些商品，以换取那些需要较密集地使用稀缺的生产要素的进口商品。在这个理论提出后，比较优势理论又得到了丰富，又进一步成熟。由美国的雷蒙得·弗农提出的产品生命周期理论丰富了比较优势和资源禀赋的定义，他认为生产要素应包括资本和劳动、自然资源和生产技术变化等。大卫·李嘉图的比较优势理论表明，每个国家不必生产全部商品，而是应该将重心放在利润较多和受影响较小的商品生产上，然后通过对外贸易交换，双方也将在贸易中获得利益。

2. 比较优势理论在我国香料行业的应用

我国香料植物资源储备丰富，有 62 个科的 400 余种香料植物，已有 120 多种天然香料被我国生产出来，占据世界产量第一位置的香料有薄荷油、桂油和茴香油。作为天然香料资源储备较为丰富的国家之一，自改革开放到现在，比较优势理论在我国香料产业的发展中得到了充分利用，使得我国香精香料行业在生产和贸

易方面取得很大的进步,并且还在持续稳步增长中。天然香料属于资源密集和劳动密集型产品,我国外贸比较优势的有利条件在于我国具有大量价格低廉的劳动力。在以后相当长的时期内,我国的香料、香精生产与贸易发展,依然要运用这些优势来实现。

不过,拥有比较优势产品并不一定表示在国际竞争中具有优势。竞争优势受生产力各构成要素的综合影响,是一种实际表现出的竞争能力。我国外贸规模扩展迅速,外部市场需求的约束逐渐显现,以劳动密集型产品为主的出口格局的发展空间将会受到限制。快速的国内市场化进程会改变生产要素的相对价格,要求我们尽快转变出口商品的结构。同时,资源、劳动密集型产品的利润较低。

中国是一个发展中国家,其比较优势在传统的劳动密集型产业上,因此外贸的贸易发展战略自然而然地会采取比较优势的贸易战略。但我国的生产要素相对落后,如工艺技术、人力资本等生产要素没有发达国家先进,因此这些因素制约产品的深加工,这种比较优势是初级的比较优势,对竞争力的形成影响不大。目前来说,我国香料企业加工设备和工艺相对来说较落后,香气质量不稳定,导致优势品种卖不上价钱的情况时有发生。此外,提纯天然香料的标准化操作程序和香气的整理能力较外国相对落后,外国企业以低价收购我们的天然香原料,经过加工后以翻倍甚至翻百倍的价格再卖给我们。这不仅与我国落后的技术有关,也是传统的劳动密集型产业给我国香精香料行业带来的后遗症。我国靠劳动密集型产业带来了收益,扩大了贸易,增加了就业。但它带来的不利方面也是显而易见的,例如,国际分工水平比发达国家低、出口产业结构不合理、香精香料技术未赶上发达国家、高端产品较少、宏观调控能力有所欠缺、生产的产品积压、产品压价恶性竞争,企业收益不高利润较低等。现今国际分工越发精细化,国际竞争愈演愈烈,不止在产品成本与价格方面存在竞争,非价格方面如技术创新度、品种、服务、质量、档次等的竞争也非常激烈。

在这种情况下,想要使我国的香精香料行业进一步发展就不能只利用资源优势,而是应该寻求一种既能将我们的比较优势充分利用,又能顺应香精香料行业的发展潮流的全新战略。

众所周知,在实现产业工业化、现代化的过程中,劳动密集型产业与技术密集型产业是一种动态的、相互补充、相互依从和转化的关系,是对产业状态的一种描述。过去是,现在是,未来可能还是。随着国际分工逐渐精细化,全球香精香料行业之间的贸易不断扩大,低廉劳动力被资本与技术替代的速度加快,我国的比较优势将会不再明显。我国的比较优势受大国经济效应影响较大,比较优势的发挥受到限制,我国比较优势正在变得不明显,外资的来源与产业结构升级之间不相匹配,全球贸易情况发生重大变化——传统产品市场逐渐饱和,高新技术产品逐渐崭露头角将会成为各国未来出口的主导产品。在我国未来的经济发展中,比较优势战略将会与时代越来越不匹配,进行战略调整是毋庸置疑的,竞争优势战略取代比较优势战略是大势所趋。所谓竞争优势战略就是指以技术进步和制度创新为动力,以产业结构升级为特征,全面提高本国产业的国际竞争力,以具有竞争优势的产品参与国际竞争,分享国际贸易利益的一种强调贸易动态利益的贸易发展战略。

目前,我国香料、香精产业的发展中,比较优势发挥的作用正在逐渐减弱,竞争优势虽正在发展但并未成熟。因此,要不断开发新的技术,提高劳动者的综合素质,提高传统劳动密集型产业的素质,使技术密集型成为与劳动密集型一样成为比较优势,从而提高产品和服务的附加值,从而提高出口竞争力。香精香料行业想要在激烈的竞争中生存下去,必须找到适合自身的发展战略,既要利用好自身的比较优势,又不能全部依靠它,要突破它自身的限制,将竞争优势战略作为优先发展战略,顺应国际分工、国际竞争及市场需求发展的趋势,构建香料、香精行业的竞争优势。

首先,在设计我国的行业发展战略时不能只注重眼前利益,还要兼顾长远利益,将发展竞争优势贸易和生产香精香料产品作为长期目标,同时也要升级比较优势产业,使二者相互补充,共同发展。

其次,比较优势转化成国际贸易的竞争优势是一个缓慢过程,而转化的关键在于高新技术。从国外引进先进的技术,招商引资,增加人力和资金的投入,不断创新,将竞争优势产业放在优先发展的位置。用高科技引领传统香精香料行业的发展,将国外先进技术融入我国传统行业,使其与我国劳动力优势充分结合,使创造出的新产品具有较高的国际竞争优势,将比较优势逐渐向竞争优势转化,竞争优势占据主导地位将使我国获得更多的贸易利益有利于我国经济的发展。若想使比较优势和跨国优势充分地结合,组建跨国公司也不失为一个好办法。在企业发展上,不仅要注重成本和价格比较优势,同时还要注重非价格竞争因素如产品差异性、规模效益等。既要合理开发天然香料资源,做到效益最大化,又要做好深加工,提升产品附加值。我国拥有的天然香精香料品种的数量非常多,这为我国的香精香料行业的发展提供了现实条件，从而做到了以香料为基础，香精为中介，与最终应用的配套产业成功建立紧密衔接的良性循环网。

总而言之，在保持比较优势的同时逐步构建竞争优势，以培养高新技术人才为抓手，以企业的竞争利益促进国家利益的发展，兼顾眼前利益与长远利益，以探求行之有效的发展路径，实现行业的快速发展。

（二）引导鼓励行业内合理的并购重组发挥规模经济效应

1.并购理论

（1）企业性质与并购

作为国民经济的基本组成单位，企业有两种发展方式：内涵式发展和外延式发展。企业并购（M&A，是兼并与收购的合称）是资本运作的高级形式，作为企业发展的外部发展战略，可以说是外部投资的一种，是资本进入或撤出该行业的一个重要手段，同时也可以对行业结构进行调整，整合行业资源。

关于企业性质，存在各种假设理论：①新古典主义企业理论认为企业是一个“原子”式的“经济人”，企业掌握充分信息，使边际收益等于边际成本，实现利润最大化，利用市场机制无代价，但与现实不符；②西蒙（1955）的“有限理性”及满意原则，认为企业追求满意的利润；③鲍莫尔（1959）的“最大销售收入”模型理论认为，现代企业股东的所有权和企业经理掌握的经营权相分离，经理往往出于自身利益而追求企业规模扩张；④马里斯（1963）的“最大增长率”模型强调，企业追求比其过去和比其他企业发展得更快；⑤威廉姆森（1963）的“经理效用最大化”理论，认为职业经理人追求自身利益的最大效应；⑥科斯等人的节约交易费用理论认为，市场和企业是配置资源的两种方式，采用哪种方式取决于谁的交易成本更低；⑦近年来形成的与单边的股东至上主义不同的股东、经理、员工、政府、银行等利益相关者共同治理理论等。企业因其不同的经营目的，出于不同的动机进行企业并购，适用不同的动机理论。

企业并购说白了就是夺取被收购企业的实际控制权，这与参股有着本质的区别，参股只是为了获取投资利益。即使收购股权后成为企业的第一大股东，但若收购人对重大事项有决策权，也能说成是并购。但在通常情况下，公司的决策由股权最多的股东决定，大部分的并购就是为了获取更多的股权，成为第一大股东。股权比例大于50%称为绝对控股，小于50%但足以影响决策为相对控股，大部分并购采取的是相对控股，其优点在于可以在达到并购目的的情况下支出较少收购资金，

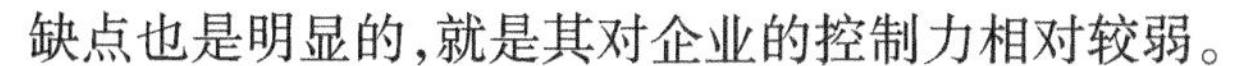

缺点也是明显的,就是其对企业的控制力相对较弱。

由于不同的企业有不同的模式,因此,企业并购的流程也不尽相同,大致上可以简单分为并购前准备、谈判签约和并购整合三个步骤,制定目标、市场搜寻、调查评价、结构设计、谈判签约、交割接管等六个环节。企业采用横向一体化的外部发展战略时可以采用横向并购的并购模式;纵向一体化可以采用纵向并购的并购模式;多元化战略(相关多元化和不相关多元化)可以采用混合并购的并购模式。这三种并购模式可以从产业组织理论找到现实的理论依据。协同效应或提高市场势力可以解释横向并购的原理;降低交易费用或稳定经营环境可以解释纵向并购;而资产利用或降低风险的理论可以解释混合并购。虽说并购较内部发展需要较少的投资,避免了产能过剩局面的进一步恶化,但其弊端也是不能忽视的,例如可能带来形成垄断、降低社会福利等。因此各国的《反垄断法》在此情况下被制定出来。

人们在并购过程中总结出了并购理论,并购理论出现后又推动并购实践的发展。尽管不同的专家学者对此有不同的看法,尚未形成统一的理论体系。但都在为解释以下三个问题提出观点:①并购是否创造价值;②并购为谁创造价值;③并购如何创造价值。

(2)传统并购理论

①效率理论。企业并购理论和并购实践一样充满着鲜明的时代特征。传统的效率理论认为,并购可提高企业的整体效率,即“2 +2 >5”的协同效应,包括规模经济效应和范围经济效应,又可分为经营协同效应、管理协同效应、财务协同效应和多元化协同效应,如夺取核心资源、输出自己的管理能力、提高财务信誉而减少资金成本、减少上缴税收、多元化发展以避免单一产业经营风险。横向、纵向、混合并购都能产生协同效应。鲍莫尔(1982)提出可竞争市场理论和沉淀成本理论,进一步支持效率理论。1984 年美国司法部的《合并指南》修正《克莱顿法》的传统观点,旗帜鲜明地支持效率理论。

②交易费用理论。科斯(1937)提出企业存在的原因是可以替代市场节约交易成本,企业的最佳规模存在于企业内部的边际组织成本与企业外部的边际交易成本相等时,并购是当企业意识到通过并购可以将企业间的外部交易转变为企业内部行为从而节约交易费用时自然而然发生的。交易费用理论可较好地解释纵向并购发生的原因,本质上可归为效率理论。

③市场势力理论。通过并购减少竞争对手,提高市场占有率,从而获得更多的垄断利润。而垄断利润的获得又增强企业的实力,为新一轮并购打下基础。市场势力一般采用产业集中度进行判断,如产业中前四或前八家企业的市场占有率之和(CR4 或 CR8)超过 30% 为高度集中,15%—30% 为中度集中,低于 15% 为低度集中。美国则采用赫芬达尔系数(市场占有率的平方之和)来表示产业集中度。该理论成为政府规制并购、反对垄断、促进竞争的依据。

④价值低估理论。并购活动的发生主要是目标企业的价值被低估。詹姆斯·托宾以 Q 值反映企业并购发生的可能性,Q = 公司的市场价值/资产的重置成本。如果 Q<1,且数值较小,则企业被并购的可能性越大,进行并购要比购买或建造相关的资产更便宜些。该理论提供了选择目标企业的一种思路,应用的关键是如何正确评估目标企业的价值,但现实中并非所有价值被低估的公司都会被并购,也并非只有价值被低估的公司才会成为并购目标。

(3)现代并购理论

①代理成本理论。现代企业的所有者与经营者之间存在委托 t 理关系,企业不再单独追求利润最大化。代理成本由詹森和麦克林(1976)提出,是研究公司最佳资本结构时形成的一种理论,旨在分析代理成本与资本结构的关系。他们认为代理成本包括为设计、监督与约束利益冲突的代理人之间的一组契约所必须付出的成本,加上执行契约时成本超过利益的剩余损失。

②战略发展和调整理论。与内部扩充相比,外部收购可使企业更快地适应环境变化,有效降低进入新产业和新市场的壁垒,并且风险相对较小。特别是基于产业或产品生命周期的变化所进行的战略性重组,如生产“万宝路”香烟的菲利普?莫里斯公司转向食品行业。企业处于所在产业的不同生命周期阶段,其并购策略是不同的:处于导入期与成长期的新兴中小型企业,若有投资机会但缺少资金和管理能力,则可能会出卖给现金流充足的成熟产业中的大企业;处于成熟期的企业将试图通过横向并购来扩大规模、降低成本、运用价格战来扩大市场份额;而处于衰退期的企业为生存而进行业内并购以打垮竞争对手,还可能利用自己的资金、技术和管理优势,向新兴产业拓展,寻求新的利润增长。

2. 并购的作用

①并购可以扩大市场的规模,使香料市场集中在一块,有针对性地生产出符合当地市场的产品,以满足不同地区消费者的不同需求;可以集中全部的力量去研发

新产品，加快新品的研发速度，更新加工技术。另一方面，生产企业的规模越大，香料生产的集中度就越高，企业并购可以调整企业的资产结构和规模，以适应当前社会的发展，实现去成本的目的；并购还可以使企业内部分工更加细化，集中全部生产力生产单一产品，提高专业水平，并购可以解决企业发展过程中的一系列问题，可以使每个生产环节相互配合，相互促进，以实现企业利润的增长。

②大型公司的融资能力也相对较高。并购可以优化企业结构，降低企业生产成本，提高企业竞争力。目前所有扩张方式中，并购所花费的资金相对来说是最低的。若产品生产的速度跟不上市场需求，而盲目地使用积累或再投资的方式进行企业扩张，则会造成产品积压。若一些企业没有被并购而是被市场淘汰掉，则是一种对社会资源的浪费，对有扩张需求的企业来说也是一种损失。不盲目跟从，而是根据不同的情况有创造性地使用并购策略可以提高企业的竞争力，优化企业的结构使之更符合当前市场，受市场欢迎的企业可以更快地扩张，使企业的经营者和实际决策者实现最佳结合。企业并购可以吸引外来资金，扩大企业的规模，使之可以与跨国企业相抗衡或可以与外企达成战略合作，共同开发更大的项目；国企之间相互合并也是有利的，从某些方面来说保护了国有资产，避免了国有资产的流失，同时也可以促进更加公平开放的市场形成。

③并购可以给企业提供更多的机会，增加企业的市场占有率。一方面，企业并购可以给收购方提供更多的市场机会，在达到临界规模的同时又不会增加生产力，避免了生产力过剩的情况发生。接管一家公司后，其供应商和市场也会被同时接管过来，并收获新的技能，省去了市场开发的时间。大企业对被收购的企业所掌握的信息及所具有的本土化优势十分看重，因为开发市场不是盲目的，必须提前了解当地的政策以作出相应的方案；另一方面，并购可以提高企业的市场占有率，在具有寡占特征的市场，追求市场力量和市场支配地位也是进行并购的推动力量。横向收购可以减少企业的竞争对手，从而提高市场的占有率，提高对市场的控制；纵向收购可以控制上下游的产业，打造出完整的产业链，有力地控制竞争对手的活动，增大行业进入门槛，提高企业的优势化差异。

④并购使企业各部门之间相互协调，使生产效率更高。追求协同效应可以降低成本或增加收入（静态协同），也可以加强创新追求（动态协同）。静态协同包括整合管理资源，如合并后减少员工数量与固定资产；利用彼此的市场来销售产品，拓宽销售渠道，整合上下游产业链，加强讨价还价的实力；大规模生产使成本下降，

各部门加强协调,避免生产重复产品或做重复工作。动态协同可能涉及互补性资源和技能的配合,使企业的创新能力得到加强,从而提高市场占有率,提高企业营业额。

⑤并购重组能够加快培育产业和企业核心竞争力。目前已知的培育跨国公司核心竞争力的方法有两种:一是进行企业内部的培训,加强员工的学习,加快新品研发,积累知识,逐渐形成核心竞争力;二是通过企业并购,收购有核心竞争力的企业或相应资源的企业,对他们进行优化整合后以提升收购方的核心竞争力。并购的时间短、操作简单和较低成本等特点是通过自我发展这一方法构建企业核心竞争力所不具备的。尽管并购手续复杂,并购后的整合重组工作比较烦琐,但较内部发展这一手段来说并购耗时还是很短的;一些香精香料公司有着别人不具有的知识产权和资源,当较大的一家企业刚好需要这个产权和资源时,并购就成为该企业获得这种知识和资源的唯一途径。

3. 香精香料企业的并购实例

大部分人都知道瑞士奇华顿公司。1997 年,奇华顿公司吞并美国特美食公司,2002 年 4 月,奇华顿收购瑞士食品配料公司。2001 年底,奇华顿公司全球年销售额达 14.46 亿美元,成为与 IFF 公司并驾齐驱的行业巨头。奇华顿公司这几年通过不断的兼并,在 2005 年销售额达到 21 亿美元,一举超过 IFF 公司,占据了行业老大的位置。可以说奇华顿的发展历史就是一部成功并购史。

我国《"十一五"规划纲要》指出:要把增强自主创新能力作为中心环节,调整优化产品结构、企业组织结构和产业布局,提升整体技术水平和综合竞争力,促进工业由大变强。并购是促进工业由大变强的重要手段。美国并购实践证明:美国的经济增长与并购呈现出极强的正相关关系。并购较之其他方式具有时间短,成本低,见效快的特点,可以协调各部门之间的资源配置,促使资源向优势产业和高新技术产业流动,打造出具有高度、效率更高、更为合理的产业结构。

以中国啤酒产业的发展为例:近几年中国啤酒产业并购风头正盛,目前正向垄断竞争和寡头竞争阶段发展,并且今后啤酒行业内的并购将会一直持续,被并购的公司的规模将会越来越大。啤酒企业的并购加速了中国啤酒产业规模化进程,集团化的快速发展,企业数量进一步减少,青岛、燕京、华润这三大啤酒巨头的下属企业会继续增加,生产能力扩大,每年的生产数量将会进一步提高。珠啤、金星、哈啤等二级集团扩张速度也逐渐加快,规模扩张迅速。产业集中化程度不断加强。当时权威部门预测,2006 年,青岛、燕京、华润三家的啤酒销量将占到国内啤酒销售总量的 40% 。三大啤酒巨头中华润的"酒龄"比较短。1994 年,华润集团的上市公司华润创业联合南非啤酒酿造商 SAB Miller 公司组建了啤酒集团,其中华创控股 51% ,SAB Miller 公司占有 49% 的股本。华润啤酒业务靠国际资本迅速做大,近几年来,它通过大手笔的资金并购使自己的产能、销量快速增长,超过了国内其他啤酒企业。燕京从 1999 年初开始,积极参与啤酒行业的大整合,稳妥进行低成本扩张,先后兼并控股了 15 家企业,目前,燕京啤酒股份有限公司已发展成为有 41 个生产工厂、产销量 5.71 亿升的大型啤酒集团,进入世界啤酒行业前十强。

20 世纪 80 年代以来,世界香精香料产业的发展逐渐加快,行业间也形成了激烈的竞争。优化组合后的新公司改变了原纯香精香料企业的工业体系结构,促进原料结构优化、产品信息网络的形成、消费与经营预测等一系列问题得以互补和强化,以增强在竞争中的实力地位。我国消费水平的快速增长与国家政策支持为香精香料行业并购奠定了基础。当一个国家人均 GDP 达到 1 000 美元以后,恩格尔系数会降到 35% 左右,消费结构变化加快,由追求数量向营养、多样、便捷、安全转变,行业发展加快,增速将保持在 10% 以上,并持续 20—30 年。目前我国正处于该时期,消费增长迅猛。随着行业整合的逐渐进行,市场逐渐成熟,大企业迅速收获了行业利润,因此行业资源整合的重任自然而然地由行业龙头企业担起。特别是自从加入 WTO 后,中国民族香精香料企业想要真正于全球经济立足,就必须提高本土企业的核心竞争力和整合本土产业价值链。

鉴于此种情况,企业并购可以较为快速地提高竞争力以应对外来市场的冲击,时间短,见效快。因此,也是现在我国香精香料产业扩大规模,快速发展的一项重要手段,更是当下企业发展的一个流行趋势。无论从国家产业政策导向,还是行业发展前景来看,我国香精香料企业并购是大势所趋。我国香精香料产业具有基数大、公司规模小、产品同质化严重、企业利润低、存在恶意竞争等特点,因此,若想对抗外来大企业对本土市场的冲击,就必须联手打造出具有核心竞争力的企业。并购不失为一个打造规模大的香精香料企业的方法,能够加快新产品的开发,拓宽市场份额,以此应对国际企业的冲击。

(三)调整行业产品结构,加快研发速度,用科技引领创新

从现代经济的发展历程中我们不难看出,产业经济在发展的过程中不仅仅是产品数量的增加,同时产业结构也逐渐成熟。产业经济运行由产品数量和产业结

构共同组成,两者是辩证统一的。自然资源、劳动力数量、资金投入、技术装备等配套与否、利用是否得当决定着产品数量的增长与否,资源配置又在一定程度上受到产业结构的制约。就现状可以看出,结构的优化促进数量的增长,而数量的增长速度又反过来影响结构的变化速率。由此可以得出,产业经济发展后期,行业的产业结构与布局成为制约行业发展的关键因素。

作为20世纪50年代中期出现的概念,产业结构一般专指产业间的关系结构。当前流行的研究产业结构的理论有两种,一种是"产业发展形态理论",其宗旨是研究产业间比例关系及其变化,另外一种是"产业联系理论",以研究产业间投入与产出相联系为目的。产业布局的另一个叫法是产业组织,是指在一个国家或地区里该产业分布的范围与组合方式。为解决20世纪初出现的因竞争与垄断矛盾激化而造成的资源配置问题,产业布局理论应运而生。对产业布局高度重视可以使企业在市场经济的条件下保持活力,提高企业的核心竞争力,有利于企业规模的扩大,又能避免因过度竞争带来的不利影响,对保持企业结构的协调和有效政策的实施具有积极的作用。

产业结构优化的一个重要方面就是使产业结构合理化,同时合理的产业结构也是产业结构高级化的基础。纵观全球所有行业的结构演进的历程,若无合理化的基础,要想实现产业结构高级化就是非常困难的。

李京文对合理的产业结构的特征和外在表现做了如下阐述,他指出,合理的产业结构应具有以下特征:①能满足有效需求,并与需求结构相适应;②具有较为显著的结构效益;③资源配置合理并得到有效利用,出现资源供给不足或产品过量时,能通过进出口贸易进行补充调节;④各产业间能相互补充配套、协调发展;⑤能吸收先进技术,有利于技术进步;⑥在保证技术进步的前提下吸收较多的就业人数;⑦有利于保护自然资源和生态平衡。判断产业结构是否合理的标准,目前常见的主要是以下5个方面加以考察,即①与"标准结构"的差异;②对市场需求的适应程度;③产业间均衡的比例关系;④对资源的合理使用;⑤可持续发展问题。

目前阶段来说,我国香精香料行业的首要任务是要调整产品结构。调整天然香料、合成香料和香精三大类产品的生产比例,尤其是要加快开发香料新产品的速度,增加具有丰富特征香气的香料品种的数量,生产高质量的香料产品。我国天然香料资源的储藏非常丰富,我们必须利用好这些丰厚的资源在加大对天然香料的开发利用的同时,也要注重品种优化选育和对环境的保护,我国独有的优势品种更是要进行充分的保护。我国天然香料资源不仅储藏丰富，而且品质高，比如云南的茉莉油、香茅油等。此外，玫瑰油、薰衣草、椒样薄荷等品种在新疆地区都可以生存，但目前来说我国香料企业加工设备和工艺相对来说较落后，香气质量不稳定，导致优势品种卖不上价钱的情况时有发生。提纯天然香料的标准化操作程序和香气的整理能力较外国相对落后，所以这催促着我们加快新产品的开发，用科技引领技术创新，做好产品深加工，提高产品附加值，加快开发出具有独特香气且安全性能达标的新产品。我国香料工业的技术较为落后，缺乏特征香气的原料，这也是我国本土企业的软肋。香气原料的缺乏导致不得不加入过多的配料造成香精配方复杂，复杂的原料使得安全性下降。换句话说就是，香精的香气越接近天然香气且配方用料少，安全性就会大大增加。国外大型香精香料企业将重心放在对特征香气原料的研究上，已经取得了不小的进展，配方使用较少却可以得到逼真的香气，在高档香精市场的占有额一直很高。我国本土的香精香料企业应该避免恶性竞争，不去生产同质化的产品，而是应集中力量有选择有重点地发展特征香气合成香料。

技术创新，即新的技术（包括新的产品和新的生产方法）在生产等领域里的成功应用，包括对现有技术要素进行重新组合而形成新的生产能力。全面地讲，技术创新是一个全过程的概念，既包括新发明、新创造的研究和形成过程，也包括新发明的应用和实施过程，还应包括新技术的商品化、产业化的扩散过程，也就是新技术成果商业化的全过程。技术是人类知识具象化的一种形式，科学技术、生产工艺、设备，经验等都是知识在知识经济时代中的表现形式。现代经济理论指出，企业想要发展，技术创新是必不可少的，技术创新越迅速，企业的成长速度也会越快。现在一些企业通过创新而提高产品的竞争力，提高市场占有额，从而打败竞争对手的例子屡见不鲜。总的来说，理论和实践都证明了企业成长与发展的重要力量是技术创新。

（四）加强行业管理，完善产品质量标准，加强安全法规建立

食用和日用香精是一种混合物，不同的场景，不同的使用方法，使用不同的配方。原料是否安全决定了香精是否安全。要想使生产出的香精安全性有保证，必须保证合成香精的配料符合法规要求。

首先，应该关注的是要加强原料的管理。确保相关原料生产企业按照生产标准生产出的产品符合法规要求。为确保企业按照标准生产，不仅需要卫生监督部门的参与对企业进行监管,更需要香精香料企业加强自身管理。但目前的情况是,大部分企业采取单点管理模式,将关注重点放在了成品的检测上,对原材料、生产环境、员工素质等因素的关注不够,这种管理模式虽有优点但其缺点也是不容忽视的,如漏洞多、效率低、对质量的控制较难把握。为使产品有质量保障,香精香料企业应该积极采用过程管理制度来逐渐取代以前的单点管理模式,以保证香料产品的质量。原料是否安全决定了香精是否安全,必须建立切实有效的食用香精香料的法律法规,加强与国际组织之间的交流(JECFA、IOFI、FEMA、CE 等),学习借鉴外国先进的技术和经验(如香原料安全控制、原料的复检等)。

第二,要强化食品香精香料标准化工作,确保香精香料产品是符合标准的。目前已有 1 687 种香料被列入 GB 2760,但仅仅只有 100 多种产品有国家或行业标准,行业想要继续发展这是远远不够的。标准化工作进展缓慢,应主动学习国外先进的经验,使我国的食品新香料的审批速度大幅提升;一些重要产品的标准细则应尽快制定;GB 2760 食品添加剂使用卫生标准的修订也应该同步进行。修标工作是协会的重要工作。

第三,加速建立的食品香精良好生产规范应符合中国的国情。食品香精的生产管理,与广大人民群众的健康和安全息息相关,很多国家和行业有关国际组织都认真对待此事并制定了相应的卫生法规。作为食品香精生产和应用大国,中国有着自己的特色,因此不应直接照搬外国的规范制度,制定的规章制度必须适合我国国情。

第四,企业要加强自身管理。部分企业不遵守我国的法律法规,某些食品香料我国并未批准使用,但部分企业却为了牟取利润私自生产、经销和使用。食品香料生产厂家的法治观念应该提高,加强思想建设,主动申报;企业应当自觉执行已发布的各项标准。

第五,重视生产许可证在香精香料行业里的应用。香精香料产品与消费者的身体健康具有很大的关系,在日常生活中有香味的地方都有它们的身影,它们无处不在,对人们身心健康和提高生活品质有着积极的影响,效果或直接或间接。为了维护人们的身心健康,必须严格控制生产原料、生产条件和产品质量,因此对香精香料产品实施生产许可制度是十分必要的。对于已经领取到生产许可证的企业,行业监管部门要进行不定期的抽查,临期的企业要主动更换生产许可证,对于无证生产的企业,相关部门要追究责任,严肃查处。

(五)构建我国香精香料企业的竞争优势

美国著名管理学者加里·哈默尔和普拉哈拉德认为,随着世界的发展变化,竞争加剧,产品生命周期的缩短以及全球经济一体化的深入,企业的成功不再归功于短暂的或偶然的产品开发或灵机一动的市场战略,而是企业核心竞争力的外在表现。根据他们的说法,核心竞争力不仅能为公司创造利润,同时它也能为客户带来特殊利益,它是一种独有技能或技术。

判断一个企业的核心竞争力可以从这几个方面考量:①价值性。这种能力对于顾客所看重的价值很好地实现,如:能明显地降低产品成本,提升产品质量,提升售后效率,提升顾客的使用体验感,从而使企业的竞争优势变大。②稀缺性。这种能力不是随处可见的,只掌握在少数的企业手中。③不可替代性。竞争对手无法采用其他能力来取代它的位置,它对于给顾客创造价值有着独一无二的作用。④难以模仿性。核心竞争力带有明显的企业特色,是企业所特有的,竞争对手想要模仿是极其困难的,它在市场上是不流通的,不像材料、机器设备那样可以在市场上交易,而是难以交易或复制。这种独一无二的能力给企业所带来的利润是难以想象的,其带来的利润远超平均水平。

企业核心竞争力的基础在于建立在企业核心资源上独有技术、生产的产品、企业的管理、企业的文化等;企业核心竞争力在市场上表现为其掌握的技术或其他能力是独一无二的,是不能被竞争对手轻易模仿的,并能为企业带来超额利润。在日渐激烈企业的竞争下,一个企业只有形成其独特的核心竞争力,其竞争优势才能持续下去,保持经久不衰。

因此,我国的社会、经济发展迅速,食品行业、日化行业的发展速度也随之加快,国民对香精香料的需要量也日益增大,为香精香料行业带来了历史性的发展机遇。目前我国有800多家香精香料企业,其中中小型企业的数量占九成,其管理水平、营销策略、工艺技术较大企业相对落后,且各自为战,打价格战,恶意降价,同行恶性竞争,因此企业利润微薄,对企业的进一步发展形成阻碍。现在国际排名前十的香精香料企业已进军中国市场,他们有着先进的管理模式,先进的技术,良好的品牌效应,因此能在中国迅速站稳脚跟,并逐步扩大市场占有率,我国本土的香精香料企业因客观条件较跨国企业有所差距,因此在和他们的竞争中逐步落入下风,现在国际大企业已经牢牢占据了我国香精香料产品的高端市场。因此,我国香精香料行业能否抓住历史机遇,使企业进一步发展,其关键在于能否改变通过“价格战""关系战"来获取利润的竞争模式，将构建企业核心竞争力作为保持企业竞争优势，增加利润的途径。

为构建企业的核心竞争力，以下几个方面应予以重点关注：

第一，加强企业管理，管理做到标准化，打造中国自己的民族品牌，使企业的发展能持续进行。在当前社会背景下，企业如果想进一步发展，扩大规模，一方面是要在竞争战略上作出改变，另一方面是加强自身的管理。现阶段企业应采取"软硬配套，软硬并举"的策略，使良好的团队管理领导企业的发展，抓住可以抓住机遇，打造民族品牌。自从我国开始实施名牌战略推进工作后，香化行业中只有化妆品被列入名牌产品推荐目录，香精香料产品始终未被列入名牌评选名单。这也造成了这么长时间以来，我国无论品质多好的香精香料产品也无缘中国名牌称号。2006 年 11 月 8 日，中国名牌战略推进委员会第 8 号公告，公布了《中国名牌产品"十一五"重点培育指导目录》，目录中轻工家电行业排第一的就是香精香料行业，这表明之前没有竞争"中国名牌"产品资格的香精香料可以在争创"中国名牌"平台上有一席之地，拥有了竞争"中国名牌"称号的资格。因此，香精香料生产企业应该抓住这次机会，进一步认识到实施名牌战略对企业的重要作用，并提高企业的自主创新能力，研发能提高企业核心竞争力的、具有知识产权的产品。

同时，由于人们的环保意识提高，环境友好型产品成为主流趋势，因此企业研发重点应放在节能环保的产品上。用绿色环保、低碳排放、资源利用率高的香精香料产品赢得市场。此外，提高自主品牌的国际竞争力的重要性也是不能忽略的，要着手研发具有核心技术、出口量大的有自己品牌的香精香料产品。尤其是香精香料生产厂家应严格贯彻 HACCP 食品质量管理体系，将保障人民群众健康安全作为第一要务，满足人民群众日常生活需要，生产能提高人民群众生活质量的香精香料产品，为创建社会主义和谐社会贡献自己的一份责任。

第二，研发产品要有自己企业的特色，减少同质化，提高产品竞争力。现阶段香精香料企业在热反应方面技术同质化现象非常严重，如何深度发酵、高度浓缩，利用超临界抽提、耐高温、超低温等方面技术提供差异化的产品，是企业应该首先解决的。

以咸味香精为例，方便面走过的历程基本上反映了咸味香精的产品历程。从"一片红"（红烧牛肉）到"一片白"（骨汤面），说明咸味香精产品各个厂家都没有太大差别，创新能力缺乏，跟风现象严重，同质化产品层出不穷，因此行业内有"流行三五天、赚钱没几日”的说法。在一片浮躁之下,不少企业也不会静下心来研发,都在找“捷径”,降低成本,长时间不付款,研发资金投入降低,导致高科技的香精价格与糊精没有差别。缺少研发,没有明确的长远规划,产品不具特色,这造成了企业核心竞争力的降低。低投入导致的低回报甚至无回报,使企业陷入恶性循环。与此相反的是一些企业,积极创新,打破产品同质化,已见回报。例如,香精行业的广州江大和风香精香料有限公司,2005 年起就立足“开发特色产品,寻求高端价值”理念,牛腩肉、牛腩膏、牛腩捞面汤料、农家鸡粉、海鲜粉、鱼汤膏、鲍鱼鸡汁汤等在业内享有较高知名度。尤其是“非辐照”“无味精”“素食”原料的出口,为其拓展了广阔市场,有些产品已与客户达成战略合作,开始点对点的高端服务。

第三,将香精香料产品与我国传统文化结合,打造具有中国特色的产品。我国历史悠久,幅员辽阔,各个地区间环境、气候、民俗的差异,造成了各个地区不同的饮食结构和饮食习惯,使我国的饮食文化呈现出复杂性多样性。在饮食习惯上有“南甜、北咸、东辣、西酸”之说,表明了我国在饮食上地区之间具有不小的差异,我国的菜系最能直观地反映出这一点。我国有八大菜系或十大菜系之分,各菜系之间所用原料、工艺、风味不尽相同。但目前菜肴型香精相对较为稀少。

我国本土香精香料企业,较之国外企业有着更了解和熟悉我国饮食文化的先天优势,因此,研发新产品时,要依托我国的饮食多样性这一特点,走产品差异化战略,不同地区生产不同口味的产品,如烟熏味、蒜香味等。

第四,产业链整合,共同研发,提高技术水平,实行高质量的服务。我国香精香料行业中中小微企业占了很大的比例,研发能力弱,资金不充足,受到各方面条件的制约。但中小企业可以联合研发,这不失为一种切实有效的途径。通过合作,从外界获取提高核心竞争力的技术和手段,也可以通过市场手段获取工艺或人才,如积极引进科技人才和专利技术,开展产学研结合,积极吸收高校,科研机构的成果。企业之间也可以互补合作,与拥有互补优势的其他企业合作,共同研发。不同的企业可以侧重于不同的方向,避免研发的产品重复度高而造成市场同质化现象严重,避免恶性竞争,实现科技共享。也可重点关注差异化发展,发展强势之处,放弃不利方面。或兼并收购拥有某种所需要的专长的企业,为己所用,将外来的知识技术消化沉淀,与自身融为一体,在企业内形成完整的知识体系,以提高核心竞争力。

除此之外,改变服务方式也可以提高企业的核心竞争力。香精香料公司与下游企业联合研发是一个很好的创新。香精香料供应企业与下游企业共同研发,并参与形象设计与售后服务，而不只是仅提供原料，用主动出击代替被动选择，这对提升新产品的成功率的提高是有积极作用。

第五，重视人才的培养。科技是第一生产力，科技要靠人才才能推动。香精香料行业大多是技术密集型企业，人才资源匮乏，企业注定不能长久。但大多数民营企业的管理制度与营销水平较为低下，并不能很好地吸引并留住人才。表现为“人才管理不力”。大多数企业工艺技术落后，品牌知名度较低，要想在如此激烈的竞争环境下站稳脚跟，必须引进先进的技术或人才，改变经营管理模式。随着市场竞争的加剧，人才在此中发挥着越来越重要的作用，企业要想在竞争如此激烈的环境下生存并发展，必须吸收研发、管理、销售等各个方面的人才。展望未来的发展，谁吸引较多的人才，谁在竞争中就占据有利地位。

参考文献

[1]程俊英. 诗经译注[M]. 上海: 上海古籍出版社,1985.

[2]王文锦. 礼记译解[M]. 北京:中华书局,2001.

[3]玄奘,辩机. 大唐西域记校注[M]. 季羡林,等校注. 北京:中华书局,1985.

[4]刘䜩. 隋唐嘉话[M]. 北京:中华书局,1979.

[5]樊绰. 蛮书校注[M]. 向达,校注. 北京:中华书局,1962.

[6]刘恂. 岭表录异校补[M]. 南宁:广西民族出版社,1988.

[7]杜佑. 通典[M]. 北京:中华书局,1984.

[8]真人元开. 唐大和上东征传[M]. 汪向荣,校注. 北京:中华书局,2000.

[9]圆仁. 入唐求法巡礼行记[M]. 顾永甫,何泉达,点校. 上海:上海古籍出版社,1986.

[10]刘昫. 旧唐书[M]. 北京:中华书局,1975.

[11]欧阳修,宋祁. 新唐书[M]. 北京:中华书局,1975.

[12]司马光. 资治通鉴[M]. 哈尔滨:北方文艺出版社,2019.

[13]范成大. 桂海虞衡志[M]. 北京:中华书局,2004.

[14]王溥. 唐会要[M]. 上海:上海古籍出版社,2006.

[15]刘歆,葛洪集. 西京杂记校注[M]. 向新阳,刘克任,校注. 上海:上海古籍出版社,1991.

[16]王嘉. 拾遗记[M]. 齐治平,校注. 北京:中华书局,1981.

[17]缪启愉,缪桂龙. 齐民要术译注[M]. 上海:上海古籍出版社,2006.

[18]余嘉锡. 世说新语笺疏[M]. 北京:中华书局,1983.

[19]释道世. 法苑珠林校注[M]. 周叔迦,苏晋仁,校注. 北京:中华书局,2003.

[20]孙思邈. 备急千金要方[M]. 北京:人民卫生出版社,1982.

[21]孙思邈. 千金翼方校注[M]. 朱邦贤,陈文国等,校注. 上海:上海古籍出版社,1999.

[22]陆羽. 茶经校注[M]. 沈冬梅,校注. 北京:中国农业出版社,2006.

[23]徐坚. 初学记[M]. 北京:中华书局,2004.

[24]欧阳询. 艺文类聚[M]. 上海: 上海古籍出版社, 1982.
[25]陈敬. 陈氏香谱[M]. 北京: 中国书店出版社, 2014.
[26]洪刍. 香谱: 外四种[M]. 上海: 上海书店出版社, 2018.
[27]张君房. 云笈七签[M]. 北京: 书目文献出版社, 1992.
[28]陶穀. 清异录[M]. 上海: 上海古籍出版社, 2012.
[29]陆游. 老学庵笔记[M]. 李剑雄, 刘德权, 点校. 北京: 中华书局, 1979.
[30]李昉. 太平御览[M]. 北京: 中华书局, 1960.
[31]王钦若. 册府元龟[M]. 北京: 中华书局, 1960.
[32]李昉. 太平广记[M]. 北京: 中华书局, 1961.
[33]周嘉胄. 香乘[M]. 北京: 中国书店, 2014.
[34]李时珍. 本草纲目[M]. 北京: 人民卫生出版社, 1982.
[35]周博琪. 古今图书集成: 第一册[M]. 北京: 中国戏剧出版社, 2008.
[36]上海古籍出版社. 唐五代笔记小说大观[M]. 丁如明, 李宗为, 李学颖, 等, 校点. 上海: 上海古籍出版社, 2000.
[37]陈元龙. 格致镜原[M]. 上海: 上海古籍出版社, 1992.
[38]郭竹平. 楚辞[M]. 北京: 中国社会科学出版社, 2002.
[39]逯钦立. 先秦汉魏晋南北朝诗[M]. 北京: 中华书局, 1983.
[40]徐倬. 全唐诗录[M]. 上海: 上海古籍出版社, 1993.
[41]陈尚君. 全唐诗补编[M]. 北京: 中华书局, 1992.
[42]董诰. 全唐文[M]. 北京: 中华书局, 1983.
[43]薛居正. 旧五代史[M]. 北京: 中华书局, 1976.
[44]刘后滨. 新五代史[M]. 北京: 现代教育出版社, 2011.
[45]洪咨夔. 平斋文集. [M]. 上海: 上海古籍出版社, 1985.
[46]蒲积中. 古今岁时杂咏[M]. 徐敏霞, 校点. 沈阳: 辽宁教育出版社, 1998.
[47]赵长卿. 惜香乐府[M]. 北京: 中国书店, 2018.
[48]中共崇仁县委宣传部, 崇仁县哲学社会科学学会联合会. 崇仁文库[M]. 北京: 北京燕山出版社有限公司.
[49]陆游. 剑南诗稿 [M]. 长沙: 岳麓书社, 1989.
[50]苏轼. 东坡词 [M]. 扬州: 广陵书社, 2010.
[51]赵与时. 宾退录 [M]. 上海: 上海古籍出版社, 1983.
[52]朱彧. 萍洲可谈 [M]. 南京: 凤凰出版社, 2018.

[53]秦九韶. 数学九章 [M]. 重庆: 重庆出版社, 2021.
[54]叶梦得. 石林燕语 [M]. 北京: 中华书局, 1984.
[55]王应麟. 玉海[M]. 京都: 中文出版社株式会社, 1977.
[56]胡榘, 罗濬. 宝庆四明志 [M]. 北京: 北京图书馆出版社, 2003.
[57]黄昇. 花庵词选 [M]. 上海: 上海古籍出版社, 2019.
[58]舒岳祥. 阆风集[M]. 扬州: 广陵书社, 2015.
[59]王之道. 相山集点校 [M]. 沈怀玉, 凌波, 点校. 北京: 北京图书馆出版社, 2006.
[60]陈寿. 三国志[M]. 北京: 中译出版社, 2021.
[61]葛洪. 肘后备急方 [M]. 广州: 广东科技出版社, 2018
[62]崔豹. 古今注[M]. 沈阳: 辽宁教育出版社, 1998.
[63]萧子显. 南齐书[M]. 王鑫义, 张欣校注. 北京: 中国社会科学出版社, 2020.
[64]萧统. 染昭明太子文集[M]. 上海: 上海书店, 1989.
[65]萧统. 文选 [M]. 上海: 上海古籍出版社, 1986.
[66]颜之推. 颜氏家训[M]. 北京: 中华书局, 2023.
[67]马欢. 明钞本瀛涯胜览校注[M]. 万明, 校注. 北京: 海洋出版社, 2005.
[68]黄省曾. 西洋朝贡典录校注 [M]. 谢方, 校注. 北京: 中华书局, 2000.
[69]严从简. 殊域周咨录 [M]. 北京: 中华书局, 1993.
[70]余继登. 皇明典故纪闻 [M]. 北京: 书目文献出版社, 1995.
[71]费信. 星槎胜览 [M]. 上海: 上海古籍出版社, 1985.
[72]邝番. 便民图纂 [M]. 北京: 农业出版社, 1959.
[73]章潢. 图书编 [M]. 扬州: 广陵书社, 2011.
[74]徐应秋. 玉芝堂谈荟[M]. 上海: 上海古籍出版社, 1993.
[75]王士贞. 弇山堂别集 [M]. 北京: 中华书局, 1985.
[76]王世贞. 弇州四部稿 [M]. 上海: 上海古籍出版社, 1993.
[77]顾禄. 桐桥倚棹录 [M]. 上海: 古籍出版社, 1980.
[78]吴其濬. 植物名实图考长编 [M]. 北京: 中华书局, 2018.
[79]陈淏子. 花镜 [M]. 北京: 农业出版社, 1962.
[80]顾炎武. 天下郡国利病书[M]. 上海: 上海古籍出版社, 2022.
[81]毕沅. 续资治通鉴 [M]. 北京: 线装书局, 2009.

[82]梁廷枏. 粤海关志[M]. 广州: 广东人民出版社, 2014.

[83]屈大均. 广东新语注[M]. 广州: 广东人民出版社, 1991.

[84]李调元. 粤东笔记[M]. 广州: 广东人民出版社, 2023.

[85]上海书店出版社. 中国地方志集成: 广东府县志辑[M]. 上海: 上海书店出版社, 2013.

[86]上海书店出版社. 中国地方志集成: 海南府县志辑[M]. 上海: 上海书店出版社, 2013.

[87]安鼎. 饮食本草: 现代家庭膳食指南[M]. 北京: 航空工业出版社, 2004.

[88]Andrew Dalby. 危险的味道:香料的历史[M]. 李蔚虹, 译. 天津: 百花文艺出版社, 2004.

[89]埃里希·凯勒尔. 香味的魅力[M]. 孙常敏, 孙汇祺, 译. 上海: 上海社会科学院出版社, 2003.

[90]中国科学院华南植物研究所. 广东植物志:第一卷[M]. 广州: 广东科技出版社, 1987.

[91]中国科学院华南植物研究所. 广东植物志: 第二卷[M]. 广州: 广东科技出版社, 1991.

[92]王有江, 朱红霞. 芳香花草[M]. 北京: 中国林业出版社, 2004.

[93]中国科学院华南植物研究所. 海南植物志: 第一卷[M]. 北京: 科学出版社, 1964.

[94]中国科学院华南植物研究所. 海南植物志: 第二卷[M]. 北京: 科学出版社, 1965.

[95]陈可冀. 清代宫廷医话[M]. 北京: 人民卫生出版社, 1987.

[96]葛晶莹. 健康养生花草茶[M]. 北京: 中国妇女出版社, 2004.

[97]中国科学院中国植物志编辑委员会. 中国植物志:第五十二卷[M]. 北京: 科学出版社, 1999.

[98]关履权. 宋代广州的海外贸易[M]. 广州: 广东人民出版社, 1994.

[99]关培生. 香料调料大全[M]. 上海: 上海世界图书出版公司, 2005.

[100]华锋, 边家珍, 乘舟. 诗经诠译[M]. 郑州: 大象出版社, 1997.

[101]韩百草. 药草植物的生机饮食指南[M]. 上海: 上海书店出版社, 2004.

[102]洪焕椿. 明清苏州农村经济资料[M]. 南京: 江苏古籍出版社, 1988.

[103]中国科学院中国植物志编辑委员会. 中国植物志: 第四十三卷 [M]. 北

京：科学出版社，1997.

[104]中国科学院中国植物志编辑委员会. 中国植物志：第三十卷[M]. 北京：科学出版社，1979.

[105]中国科学院中国植物志编辑委员会. 中国植物志：第七十五卷[M]. 北京：科学出版社，1979.

[106]杨作山. 香药之路：唐宋时期西北地区的香药贸易[M]. 银川：宁夏人民出版社，2022.

[107]梁家勉. 中国农业科学技术史稿[M]. 北京：农业出版社，1989.

[108]梁嘉彬. 广东十三行考[M]. 上海：上海书店，1989.

[109]李国祥，杨昶. 明实录类纂：经济史料卷[M]. 武汉：武汉出版社，1993.

[110]李国祥，杨昶. 明实录类纂：宫廷史料卷[M]. 武汉：武汉出版社. 1992.

[111]中国科学院中国植物志编辑委员会. 中国植物志：第三十卷[M]. 北京：科学出版社，1996.

[112]刘硕. 益寿延年药茶家庭制作[M]. 北京：华艺出版社，2004.

[113]李长傅. 中国殖民史[M]. 上海：上海科技文献出版社，2014.

[114]李康华，夏秀瑞，顾若增. 中国对外贸易史简论[M]. 北京：对外贸易出版社，1981.

[115]李经纬，林昭庚. 中国医学通史：古代卷[M]. 北京：人民卫生出版社，2000.

[116]中国科学院中国植物志编辑委员会. 中国植物志：第三十一卷[M]. 北京：科学出版社，1982.

[117]李勇. 调味料加工技术[M]. 北京：化学工业出版社，2003.

[118]李建明，沈火林. 香料蔬菜栽培与利用[M]. 北京：科学技术文献出版社，2001.

[119]李良松，刘懿，杨丽萍. 香药本草[M]. 北京：中国医药科技出版社，2000.

[120]马晓宏. 天·神·人[M]. 北京：国际文化出版公司，1988.

[121]缪启愉，邱泽奇. 汉魏六朝岭南植物“志录”辑释[M]. 北京：农业出版社，1990.

[122]孟晖. 画堂香事[M]. 南京：江苏人民出版社，2006.

[123]彭少麟，陈万成. 广东珍稀濒危植物[M]. 北京：科学出版社，2003.

[124]庞晓莉. 窨茶香花栽培[M]. 北京: 中国农业出版社,2003.

[125]彭泽益. 中国近代手工业史资料(1840—1949): 第一卷[M]. 北京: 生活·读书·新知·三联书店,1962.

[126]中国科学院中国植物志编辑委员会. 中国植物志: 第二十四卷[M]. 北京: 科学出版社,1988.

[127]漆侠. 宋代经济史[M]. 上海: 上海人民出版社,1987.

[128]中国科学院中国植物志编辑委员会. 中国植物志[M]. 北京: 科学出版社,2010.

[129]孙宝国,刘玉平. 食用香料手册[M]. 北京: 中国石化出版社,2004.

[130]中国科学院中国植物志编辑委员会. 中国植物志: 第十六卷[M]. 北京: 科学出版社,1981.

[131]王意成,王翔,姚欣梅. 药用·食用·香用花卉[M]. 南京: 江苏科学技术出版社,2002.

[132]中国科学院中国植物志编辑委员会. 中国植物志: 第十四卷[M]. 北京: 科学出版社,1980.

[133]徐昭玺. 百种调料香料类药用植物栽培[M]. 北京: 中国农业出版社,2003.

[134]徐祥浩. 广东植物生态及地理[M]. 广州: 广东科技出版社,1981.

[135]篠田. 中国食物史研究[M]. 高桂林,薛来运,孙音,译. 北京: 中国商业出版社,1987.

[136]谢弗. 唐代的外来文明[M]. 吴玉贵,译. 北京: 中国社会科学出版社,1995.

[137]中国科学院中国植物志编辑委员会. 中国植物志: 第三十七卷[M]. 北京: 科学出版社,1985.

[138]中国科学院中国植物志编辑委员会. 中国植物志: 第二十八卷[M]. 北京: 科学出版社,1980.

[139]中国科学院中国植物志编辑委员会. 中国植物志: 第六十五卷[M]. 北京: 科学出版社,1977.

[140]中国科学院中国植物志编辑委员会. 中国植物志: 第六十六卷[M]. 北京: 科学出版社,1977.

[141]中国科学院中国植物志编辑委员会. 中国植物志: 第六十一卷[M]. 北京: 科学出版社,1992.

[142]斯诺. 红星闪耀中国[M]. 上海: 人民文学出版社, 2016.
[143]文物编辑委员会. 文物考古工作三十年(1949—1979)[M]. 北京: 文物出版社, 1979.
[144]文物编辑委员会. 文物资料丛刊(3)[M]. 北京: 文物出版社, 1980.
[145]中国社会科学院考古研究院. 新中国的考古发现和研究[M]. 北京: 文物出版社, 1984.
[146]沈福伟. 中西文化交流史[M]. 上海: 上海人民出版社, 1985.
[147]王仁湘. 饮食与中国文化[M]. 北京: 人民出版社, 1993.
[148]吕一飞. 胡族习俗与隋唐风韵[M]. 北京: 书目文献出版社, 1994.
[149]姜伯勤. 敦煌吐鲁番文书与丝绸之路[M]. 北京: 文物出版社, 1994.
[150]黄正建. 唐代衣食住行研究[M]. 北京: 首都师范大学出版社, 1998.
[151]李斌城. 隋唐五代社会生活史[M]. 北京: 中国社会科学出版社, 1998.
[152]黎虎. 汉唐饮食文化史[M]. 北京: 北京师范大学出版社, 1998.
[153]文物出版社. 新中国考古五十年[M]. 北京: 文物出版社, 1999.
[154]林梅村. 古道西风: 考古新发现所见中西文化交流[M]. 北京: 生活·读书·新知三联书店, 2000.
[155]王利华. 中古华北饮食文化的变迁[M]. 北京: 中国社会科学出版社, 2000.
[156]向达. 唐代长安与西域文明[M]. 石家庄: 河北教育出版社, 2001.
[157]蔡鸿生. 唐代九姓胡与突厥文化[M]. 北京: 中华书局, 1998.
[158]王永平. 道教与唐代社会[M]. 北京: 首都师范大学出版社, 2002.
[159]李斌城. 唐代文化[M]. 北京: 中国社会科学出版社, 2002.
[160]齐东方. 隋唐考古[M]. 北京: 文物出版社, 2002.
[161]张星烺. 中西交通史料汇编[M]. 北京: 中华书局, 2003.
[162]全佛编辑部. 佛教的香与香器[M]. 北京: 中国社会科学出版社, 2003.
[163]陈宝良. 明代社会生活史[M]. 北京: 中国社会科学出版社, 2004.
[164]扬之水. 古诗文名物新证[M]. 北京: 紫禁城出版社, 2004.
[165]刘庆柱. 考古学集刊: 13[M]. 北京: 中国大百科全书出版社, 2000.
[166]章用秀. 玩炉藏炉[M]. 天津: 百花文艺出版社, 2005.
[167]陈连庆. 汉晋之际输入中国的香料[J]. 史学集刊, 1986(2): 8－17.
[168]王赛时. 熏香琐谈[J]. 文史杂志, 1994(2): 18－19.

[169]孟彭兴. 论两宋进口香药对宋人社会生活的影响[J]. 史林,1997(1):19-27,71.

[170]谭前学. 唐代的焚香之俗与熏香器[J]. 华夏文化,1997(2):34-35.

[171]刘闽. 举世闻名的阿拉伯香料: 香料贸易与伊斯兰教的东传[J]. 中国穆斯林,1998(1):25-27.

[172]汪秋安. 中国古近代香料史初探[J]. 香料香精化妆品,1999(2):36-39.

[173]冉万里. 唐代金属香炉研究[J]. 文博,2000(2):13-23.

[174]陈宝强. 宋朝香药贸易中的乳香[D]. 广州: 暨南大学,2000.

[175]张剑. 胡商·胡马·胡香: 唐文学中的外来文明和唐人精神品格[J]. 河南教育学院学报(哲学社会科学版),2001(1):74-78.

[176]扬之水. 芳香静燃的时间[J]. 读书,2003(9):85-91.

[177]扬之水. 两宋香炉源流[J]. 中国典籍与文化,2004(1):46-68.

[178]王铭铭. 说香史[J]. 西北民族研究,2005(1):140-144.

[179]夏时华. 宋代香料与宗教活动[J]. 安徽广播电视大学学报,2005(4):120-122.

[180]温翠芳. 唐代的外来香药研究[D]. 西安: 陕西师范大学,2006.

[181]严小青,张涛. 香料与中国古代饮食[J]. 江苏商论,2006(10):157-160.

[182]景兆玺. 唐朝与阿拉伯帝国海路香料贸易初探[J]. 西北第二民族学院学报(哲学社会科学版),2007(5):54-59.

[183]夏时华. 宋代香料与贵族生活[J]. 上饶师范学院学报,2007(4):64-68.

[184]严小青,惠富平. 中国古代食用香料作物栽培[J]. 农业考古,2007(4):179-186.